ZIELGERADE
MATHEMATIK 10

Aufgaben zur Prüfungsvorbereitung

PAETEC

Verlag für Bildungsmedien Berlin · Frankfurt a. M.

Autoren
Heidemarie Heinrich
Gisela Scheibe
Dr. Klaus Scheibe
Dr. Christine Sikora
Prof. Dr. Hans-Dieter Sill

Bildquellenverzeichnis:
Liesenberg, G., Berlin: 11/2; 13/1; 14/1; 15/1; 16/2; 52/1; 56/1; 57/1; 60/1; 60/2; 67/1
PAETEC Gesellschaft für Bildung und Technik mbH, Berlin: 5/1; 11/1; 16/1; 52/2; 59/1; 63/1; 69/1
Photo Collection: 57/2; Raum, B., Neuenhagen: 10/1

Quellen dieser Aufgabensammlung sind die bei PAETEC erschienenen Lehrbücher für Mathematik.

Die Deutsche Bibliothek-CIP-Einheitsaufnahme
Ein Titeldatensatz für diese Publikation ist bei Der Deutschen Bibliothek erhältlich.

1. Auflage

Internet: www.paetec.de

Redaktion: Ursula Schwabe
Einband: Britta Scharffenberg
Layout und Zeichnungen: Martina Holzinger, Ute Winkler
Druck: Saale-Druck Naumburg GmbH

ISBN 3-89818-164-2

Inhalt

1 Zahlen und Größen

1.1 Brüche und Dezimalbrüche

Bruchteile einer Größe werden in zwei Schritten berechnet:

1. Dividieren durch den Nenner des Bruches
2. Multiplizieren mit dem Zähler des Bruches

$\frac{5}{8}$ von 24 kg sind 15 kg, denn:
24 kg : 8 = 3 kg
3 kg · 5 = 15 kg

Jeder Dezimalbruch mit endlich vielen Stellen lässt sich als Zehnerbruch schreiben.

Umwandeln von Brüchen

Jeder beliebige Bruch kann in einen Dezimalbruch umgewandelt werden, indem der Zähler des Bruches durch den Nenner dividiert wird.
Dabei treten entweder endliche oder unendliche periodische Dezimalbrüche auf.
Eine Ziffer oder Zifferngruppe, die sich beim Divisionsverfahren ständig wiederholt, heißt **Periode.**

Beispiele: $\frac{1}{2} = 0{,}5$; $\frac{1}{3} = 0{,}\overline{3}$; $\frac{1}{4} = 0{,}25$; $\frac{1}{5} = 0{,}2$; $\frac{1}{6} = 0{,}1\overline{6}$; $\frac{1}{8} = 0{,}125$

Eine gemischte Zahl kann man als Summe aus einer natürlichen Zahl und einem echten Bruch auffassen und durch Addieren in einen unechten Bruch umwandeln.

$$5\frac{7}{8} = 5 + \frac{7}{8} = \frac{5 \cdot 8}{8} + \frac{7}{8} = \frac{40 + 7}{8} = \frac{47}{8}$$

Zur Umwandlung eines unechten Bruches in eine gemischte Zahl muss man den Zähler geeignet zerlegen.

$$\frac{37}{5} = \frac{35 + 2}{5} = \frac{35}{5} + \frac{2}{5} = 7 + \frac{2}{5} = 7\frac{2}{5}$$

Beim Runden von Dezimalbrüchen werden alle auf eine bestimmte Ziffer folgenden Ziffern weggelassen.

Folgt auf die Stelle, auf die zu runden ist,
- eine 0; 1; 2; 3 oder 4, so bleibt die Stelle unverändert (abrunden), $7{,}6238 \approx 7{,}62$
- eine 5; 6; 7; 8 oder 9, so wird die Stelle um 1 erhöht (aufrunden). $21{,}3621 \approx 21{,}4$

Rechnen mit Brüchen

Zwei Brüche werden addiert bzw. subtrahiert, indem man
1. den Hauptnenner und die Erweiterungszahlen bestimmt,
2. beide Brüche auf den Hauptnenner erweitert,
3. die Zähler addiert bzw. subtrahiert und den Nenner beibehält.

Zwei Brüche werden multipliziert, indem man jeweils die Zähler und die Nenner miteinander multipliziert. Vor dem Multiplizieren sollte möglichst gekürzt werden.
Ein Bruch wird durch einen anderen Bruch dividiert, indem man vom zweiten Bruch den Kehrwert (Reziprokes) bildet und dann diese Brüche multipliziert.

Aufgaben

1. Gib zu folgenden Sachverhalten Bruchdarstellungen an!

a) Von 6 Äpfeln hat Lisa schon 2 aufgegessen.
b) 3 von 10 Eiern sind beim Herunterfallen der Schachtel zerbrochen.
c) Jonas, Steffi und Sebastian teilen sich 5 €.
d) Im Computerkabinett arbeiten 20 Schüler an 10 Computern.

2. Gib den Anteil der markierten Fläche als Bruchteil der Gesamtfläche an!

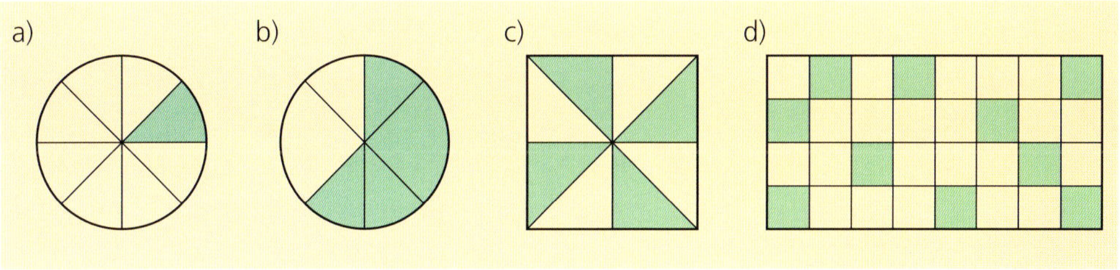

3. Ein Viertel der Schüler einer 10. Klasse kommt zu Fuß zur Schule, ein Drittel benutzt die Straßenbahn, ein Neuntel kommt mit dem Bus. Elf Schüler fahren mit dem Fahrrad.

a) Wie viele Schüler hat die Klasse?
b) Stelle die Anteile in einem Kreisdiagramm dar!

4. Prüfe, ob der Bruch richtig dargestellt ist! Begründe!

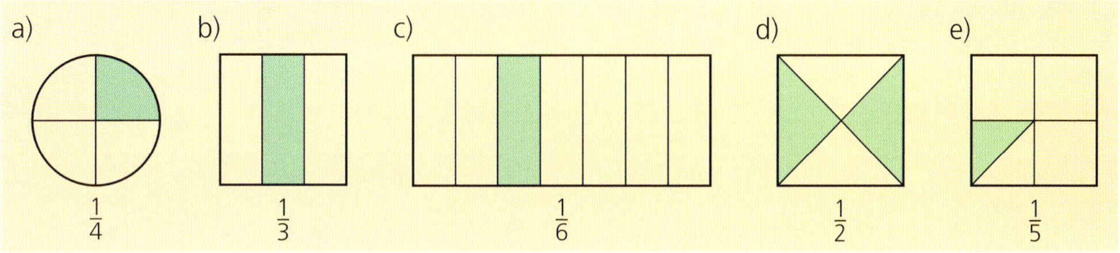

5. Berechne im Kopf!

a) $\frac{1}{3}$ von: 24 km; 15 h; 360 m^2; 93 kg; 7200 €; 3 t; 1 h

b) $\frac{3}{4}$ von: 120 €; 48 t; 500 km; 28 ct; 2 h; 1000 cm^3; 720 g; 36000 km

c) $\frac{3}{2}$ von: 6 h; 10 m; 28 kg; 1300 €; 100 ha; 9000 km; 7 t; 234 ct

d) $\frac{2}{5}$ von: 10 km; 150 kg; 200 €; 225 ct; 7200 kg; 15 h

6. Berechne!

a) $\frac{1}{3}$ von 120 € b) $\frac{2}{5}$ von 375 m^2 c) $\frac{3}{4}$ von 84 t d) $\frac{5}{12}$ von 732 h

e) $\frac{3}{2}$ von 5 km f) $\frac{3}{10}$ von 690 g g) $\frac{7}{8}$ von 1000 m h) $\frac{4}{25}$ von 1t

i) $\frac{3}{5}$ von 40 l j) $\frac{4}{3}$ von 48 kg k) $\frac{8}{7}$ von 98 cm l) $\frac{3}{11}$ von 132 dm

7. Berechne jeweils die Ausgangsgröße!

a) $\frac{1}{2}$ sind 2,25 € b) $\frac{3}{4}$ sind 12 min c) $\frac{2}{5}$ sind 48 cm d) $\frac{3}{2}$ sind 27 t

e) $\frac{4}{5}$ sind 126 kg f) $\frac{8}{9}$ sind 896 m g) $\frac{5}{4}$ sind 275 ha h) $\frac{16}{21}$ sind 624 km

8. Gib als gekürzten gemeinen Bruch an!

a) 3 € von 12 € b) 230 g von 690 g c) 5 m^3 von 50 m^3 d) 1 m von 1 km

9. Schreibe als Dezimalbruch!

a) $\frac{9}{10}$ b) $\frac{3}{100}$ c) $\frac{1}{5}$ d) $\frac{1}{2}$ e) $\frac{3}{4}$ f) $\frac{7}{8}$ g) $\frac{7}{20}$ h) $\frac{4}{25}$

10. Wandle in einen Dezimalbruch um!

a) $\frac{1}{3}$ b) $\frac{2}{9}$ c) $\frac{7}{35}$ d) $\frac{100}{3}$ e) $\frac{4}{15}$ f) $\frac{5}{4}$ g) $\frac{3}{16}$ h) $\frac{6}{11}$

11. Gib die Dezimalbrüche als gemeine Brüche an! Kürze weitgehend!

a) 0,3 b) 0,045 c) 1,5 d) 0,21 e) $0,\overline{3}$ f) 0,875 g) 0,007 h) 60,08

12. Runde auf Zehntel!

a) 0,14 b) $0,1\overline{7}$ c) 3,78 d) 0,09 e) 1,419 f) 0,39
g) 12,75 h) 3,649 i) 0,084 j) 1,042 k) 5,047 l) 99,95

13. Runde auf Hundertstel!

a) 0,234 b) 0,164 c) 0,087 d) 0,045 e) 0,606 f) 0,703
g) 6,4219 h) 10,3978 i) 0,9999 j) 7,8951 k) 0,7050 l) 5,4545

14. Runde auf Ganze der entsprechenden Einheit!

a) 34,6 km b) 7,29 km c) 381,75 € d) 1632,84 € e) 0,8 kg f) 0,123 kg

15. Gib je zwei verschiedene Dezimalbrüche an, die beim Runden folgende Werte ergeben!

a) abgerundet: 7,4 b) aufgerundet: 4,9 c) abgerundet: 0,61 d) aufgerundet: 15,20
e) aufgerundet: 0,005 f) abgerundet: 1,00 g) 7,8 h) $9{,}4 \cdot 10^3$

16. Rechne im Kopf!

a) $\frac{1}{2}+\frac{1}{4}$ b) $\frac{1}{6}+\frac{1}{3}$ c) $\frac{3}{4}+\frac{1}{2}$ d) $\frac{2}{3}+1$ e) $\frac{2}{5}+\frac{3}{10}$ f) $\frac{1}{2}+\frac{1}{3}$

g) $\frac{3}{4}-\frac{1}{2}$ h) $\frac{3}{2}-\frac{3}{4}$ i) $\frac{9}{10}-\frac{2}{15}$ j) $\frac{2}{3}-\frac{1}{2}$ k) $\frac{123}{100}-1$ l) $4-\frac{7}{4}$

m) $1\frac{3}{4}+\frac{1}{2}$ n) $1\frac{1}{2}-\frac{3}{4}$ o) $2\frac{3}{4}+0{,}5$ p) $1\frac{1}{4}+\frac{3}{2}$ q) $\frac{12}{5}-1\frac{1}{10}$ r) $1\frac{1}{2}-1\frac{1}{3}$

17. Berechne! Kürze die Ergebnisse, wenn möglich!

a) $\frac{3}{5}+\frac{7}{10}$ b) $\frac{7}{12}\cdot\frac{5}{8}$ c) $\frac{5}{7}:\frac{7}{5}$ d) $\frac{19}{24}-\frac{3}{8}$ e) $\frac{7}{16}+\frac{11}{12}$ f) $\frac{1}{24}-\frac{1}{60}$

g) $\frac{21}{48}:\frac{7}{16}$ h) $\frac{15}{24}\cdot\frac{5}{18}$ i) $3\frac{2}{3}-\frac{5}{6}$ j) $\frac{19}{21}:\frac{13}{21}$ k) $\frac{1}{2}-\frac{1}{3}+\frac{1}{4}$ l) $\frac{3}{10}+\frac{20}{9}-\frac{7}{18}$

18. Kontrolliere die folgenden Berechnungen! Korrigiere, wenn erforderlich!

a) $\frac{4}{5}+\frac{7}{6}=\frac{24+35}{30}=\frac{59}{30}=1\frac{29}{30}$ b) $\frac{7}{4}-\frac{7}{8}=\frac{14-7}{8}=\frac{21}{8}=2\frac{5}{8}$

c) $\frac{5}{12}\cdot\frac{9}{4}=\frac{5\cdot 9}{12\cdot 4}=\frac{45}{48}$ d) $\frac{19}{22}:\frac{2}{3}=\frac{19\cdot 2}{66}=\frac{19}{33}$

19. Gib für x Brüche so an, dass wahre Aussagen entstehen!

a) $\frac{1}{4}+x=\frac{3}{8}$ b) $x\cdot\frac{1}{2}=2$ c) $\frac{15}{4}-x=\frac{11}{8}$ d) $x:\frac{2}{3}=\frac{1}{6}$ e) $\frac{7}{9}+x=1\frac{1}{2}$

20. Berechne!

a) $\frac{5}{4} + 0{,}75$ b) $0{,}3 : \frac{3}{10}$ c) $7{,}5 - \frac{3}{2} + 0{,}1$ d) $\frac{6}{5} - 0{,}1$

e) $0{,}4 \cdot \frac{5}{9}$ f) $0{,}\overline{6} - \frac{1}{3}$ g) $\frac{1}{2} + 0{,}\overline{3}$ h) $\frac{9}{2} \cdot (2{,}5 + \frac{2}{5})$

1.2 Rationale Zahlen

Darstellen und Vergleichen rationaler Zahlen

Rationale Zahlen können auf einer Zahlengeraden dargestellt werden. Eine rationale Zahl ist positiv, wenn sie rechts von 0 liegt, sie ist negativ, wenn sie links von 0 liegt.

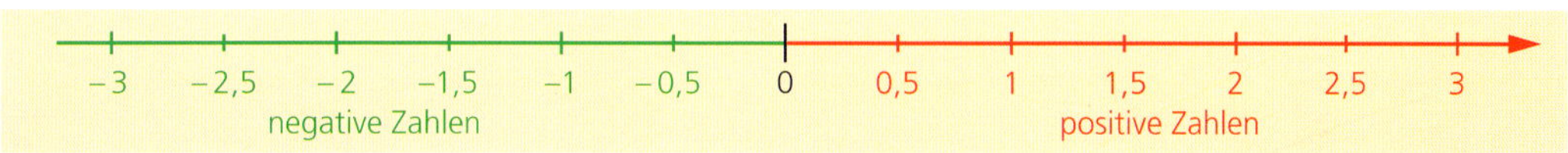

Von zwei rationalen Zahlen ist diejenige kleiner, die auf der Zahlengeraden weiter links liegt.

$\frac{1}{2} < 2{,}\overline{6}$ $-3 < 0{,}5$ $-1{,}5 < -1$

Zwischen zwei rationalen Zahlen liegt stets noch eine weitere rationale Zahl. Man sagt dazu auch, dass die Menge der rationalen Zahlen überall dicht ist.

Addieren und Subtrahieren rationaler Zahlen

Sind in einer Additions- oder Subtraktionsaufgabe um die rationalen Zahlen Klammern gesetzt, so löst man diese zuerst auf.

Enthalten die Additions- und Subtraktionsaufgaben keine Klammern mehr, dann verfährt man nach den folgenden Regeln. Man fasst dabei alle auftretenden Plus- oder Minuszeichen als Vorzeichen auf. Man beachte, dass das Pluszeichen vor der ersten Zahl meist weggelassen wird.

Gleiche Vorzeichen:
- Ergebnis erhält gemeinsames Vorzeichen der Zahlen
- Beträge addieren

$5 + 17 = 22$
$-5 - 17 = -22$

Verschiedene Vorzeichen:
- Ergebnis erhält Vorzeichen von Zahl mit größerem Betrag
- kleineren Betrag vom größeren subtrahieren

$5 - 17 = -12$
$-5 + 17 = 12$

Multiplizieren und Dividieren rationaler Zahlen

Kurzform der Regeln:
- Plus Minus ergibt Minus.
- Minus Minus ergibt Plus.
- Beträge multiplizieren bzw. dividieren

$5 \cdot (-6) = -30$ $(-36) : 9 = -4$
$-5 \cdot 6 = -30$ $36 : (-9) = -4$
$(-5) \cdot (-6) = 30$ $(-36) : (-9) = 4$

Aufgaben

1. Gib die durch Pfeile gekennzeichneten rationalen Zahlen an!

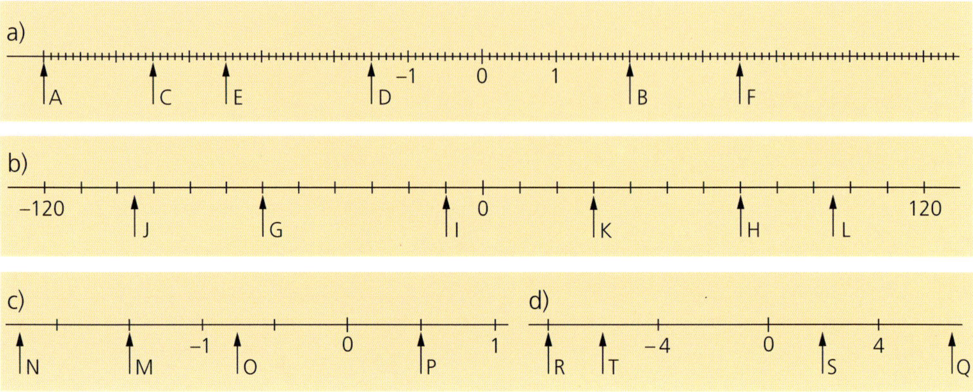

2. Kennzeichne folgende rationalen Zahlen auf geeigneten Abschnitten von Zahlengeraden!

a) −150; −50; 180; −10; 15; −125

b) −0,5; $\frac{1}{12}$; $-\frac{3}{4}$; −1,25; $\frac{7}{24}$; $-\frac{13}{12}$

c) 0,17; −0,35; $-\frac{1}{3}$; $\frac{1}{2}$; $0,\overline{3}$; −0,2

d) $3,\overline{3}$; $\frac{13}{2}$; $-2\frac{1}{2}$; $4\frac{5}{3}$; $2,\overline{3}$; $-2\frac{1}{3}$

3. Vergleiche! Setze die Zeichen „<; =; >"!

a) −4 und 3; 4 und −3; −4 und −3; |−4| und |−3|

b) −1,5 und −1; −1,5 und −10; −1,5 und 0; −1,5 und 1

c) 10^2 und -10^3; -2^4 und $(-2)^4$; 5^2 und 2^5; -3^3 und $(-3)^3$

d) −0,25 und $\frac{1}{4}$; $\frac{1}{3}$ und $0,\overline{3}$; $\left|-\frac{1}{2}\right|$ und $\frac{1}{2}$; $-\frac{3}{2}$ und $-\frac{2}{3}$

4. Gib jeweils drei rationale Zahlen x an, die die Ungleichung erfüllen!

a) $x < -4$ b) $x > -2$ c) $-3 < x < -1$ d) $-1 < x < 1$ e) $0 > x > -10$

5. Ordne der Größe nach! Beginne mit der größten Zahl!

$-4,\overline{3}$; $-\frac{4}{3}$; 4,3; $-\frac{3}{4}$; $4,\overline{03}$; −4,30; $3,\overline{4}$; $4\frac{3}{4}$; 3,44; $\frac{14}{3}$; $4\frac{1}{3}$; $-4\frac{1}{3}$

6. Berechne!

a) −5 + 8; −7 + 7; −6 + (−6)

b) 4 − 10; 5 − 5; 3 − (−2)

c) −1,5 + 2; 0 − 3,8; −1,9 − 0,3

d) $-\frac{3}{4} + 1$; $-\frac{1}{3} - \frac{1}{2}$; −4,3 − (−1,8)

e) $-\frac{1}{10} - \left(+\frac{1}{5}\right)$; $0,75 + \left(-\frac{3}{4}\right)$; $-0,9 + 1\frac{1}{2}$

7. Rechne möglichst vorteilhaft!

a) −6 + 1 − 5 + 2 − 4 + 3

b) −15 + 37 − 21 − 4 + 7 − 16 + 8

c) $4,7 + 2,6 - 2,5 - 3,5 + 6,4 - 4\frac{7}{10}$

d) $-0,6 + \frac{1}{2} - \frac{3}{10} + 0,5 + 4 - \frac{1}{10}$

8. Berechne! Lege zuerst das Vorzeichen des Ergebnisses fest!

a) 13 · (−5); −17 · 3; −12 · (−12)

b) 2 · (−1,5); −7 · (−11); 3 · 1,8

c) −6 : 3; 18 : (−4); −10 : (2,5)

d) −12 : (−6); 0,001 · (−5); $\frac{1}{2} \cdot 0,5$

e) 0,4 · (−0,1); −0,8 : 0,2; $-16 : \frac{1}{3}$

9. Wahr oder falsch? Berichtige, wenn notwendig!

a) $-33 - 16 = 17$ b) $-14 + 10 > -5$ c) $|-4 + 3| = |-4| - 3$
d) $-14 + 12 = -2$ e) $-7{,}5 + 7{,}5 = -15$ f) $-2^5 = (-2)^5$
g) $-36 - 16 = -20$ h) $\frac{1}{2} - \frac{3}{4} < 1$ i) $-2^6 = (-2)^6$

10. Berechne!

a) die Summe der Zahlen -14 und -9
b) die Differenz der Zahlen 11 und -7
c) das Produkt der Zahlen $-2{,}5$ und -8
d) den Quotienten der Zahlen -24 und 30
e) die Differenz der Zahlen $-\frac{1}{2}$ und $\frac{3}{4}$
f) den Quotienten der Zahlen $-\frac{1}{2}$ und $\frac{3}{4}$

11. Berechne!

a) $-3 + 3 \cdot (-8)$
$-13 \cdot (0{,}5) - 14 \cdot \frac{1}{10}$
$-\frac{1}{3} - \frac{3}{4} \cdot 6\frac{1}{2}$

b) $4 + (-20) : (-5)$
$3{,}5 : (-7) + 1{,}5 : \frac{1}{100}$
$-\frac{2}{5} : \frac{4}{15} - 1{,}25$

c) $3{,}7 \cdot 18 + 3{,}7 \cdot (-8)$
$-48 - 36 : 9 + \frac{1}{5} : (-\frac{1}{25})$
$-14 + 6 : 0{,}05 - 4 \cdot \frac{3}{2}$

12. Überprüfe! Berichtige, wenn notwendig!

a) $16 \cdot (-4) = 64$
$-15 : (-3) = 5$
$-5{,}1 : (-1{,}7) = -3$

b) $-36 \cdot (-2) = -72$
$-48 : \frac{1}{3} = -144$
$2{,}5 \cdot 40 = 100$

c) $45 : (-1{,}5) = -30$
$-0{,}4 \cdot 0{,}2 = -0{,}8$
$-\frac{1}{4} : 2 = -\frac{1}{2}$

1.3 Arbeiten mit Größen

Umrechnen von Größen

Arbeite in folgenden Schritten:

1. Die größere Einheit bestimmen
2. Die Rechenoperation bestimmen
3. Die Umrechnungszahl (UZ) bestimmen
4. Die Rechnung ausführen

Wie viel Hektar sind 12 300 m^2?
1 ha > 1 m^2
dividieren, da Umrechnen in größere Einheit
UZ(m^2 – a – ha) = $100 \cdot 100 = 10000$
12 300 m^2 = 12 300 m^2 : 10 000 = 1,23 ha.

Schätzen von Größen

Größen können unterschiedlich geschätzt werden:

1. Vergleichen mit einer bekannten Einheit. Fläche eines A4-Blattes (1 dm^2)
2. Vergleichen mit anderen Objekten. Vergleich mit Postkarte (150 cm^2)
3. Schätzen der Größen, aus denen die gesuchte Größe rechnerisch ermittelt werden kann. (Schätzen der Länge und Breite.)

Verhältnisse von Größen

Wird das Verhältnis zweier verschiedener Größen gebildet, so entsteht eine neue Größe, die die Größe im Dividenden pro Einheit der Größe im Divisor angibt.

Geschwindigkeit (Kilometer pro Stunde): $\frac{km}{h}$

Dichte (Masse pro Kubikzentimeter): $\frac{g}{cm^3}$

Näherungswerte und sinnvolle Genauigkeit

Oft ist es nicht möglich oder nicht zweckmäßig, für eine Größe einen genauen Wert anzugeben. In diesen Fällen wird dann mit Näherungswerten gearbeitet.

Näherungswerte entstehen beim
- Schätzen,
- Runden,
- Messen,
- Ersetzen von irrationalen Zahlen durch endliche Dezimalbrüche,
- Arbeiten mit Werten aus Zahlentafeln, auf Anzeigen des Taschenrechners bzw. beim Computer.

In Sachaufgaben wird meist mit Näherungswerten gerechnet. Das Ergebnis ist dann auch nur ein Näherungswert.

Die Genauigkeit eines Ergebnisses hängt von vielen Dingen ab:
- von der Genauigkeit der Ausgangswerte
- von den angewendeten Rechenoperationen
- vom eingeschlagenen Lösungsweg
- vom verwendeten Modell u.a.

Die folgenden Regeln berücksichtigen nur die Genauigkeit der Ausgangswerte.

Bei der **Addition** und **Subtraktion** von Näherungswerten ist es sinnvoll, das Ergebnis auf die Anzahl von Dezimalstellen zu runden, die der Ausgangswert mit der geringsten Anzahl von Dezimalstellen hat.

  2,374 m
 44,9 m
  8,16 m
 55,434 m ≈ 55,4 m

Um bei der Multiplikation oder Division ein Ergebnis mit sinnvoller Genauigkeit zu erhalten, muss zuerst die Anzahl der zu berücksichtigenden Stellen der Näherungswerte ermittelt werden. Dabei werden die links stehenden Nullen nicht mitgezählt:

115,20 m: 3 Stellen vor dem Komma, 2 Stellen nach dem Komma – 5 zu berücksichtigende Stellen

68,7 m: 3 Stellen

0,865 kg: 0 nicht mitgezählt, 3 Stellen

0,0048 ha: 0,00 nicht mitgezählt, 2 Stellen

Bei der **Multiplikation** und **Division** von Näherungswerten ist es sinnvoll, das Ergebnis auf diejenige Gesamtanzahl von Stellen zu runden, die der Näherungswert mit der geringsten Gesamtanzahl von Stellen hat.

Dabei werden die Nullen, die links von der ersten von Null verschiedenen Ziffer stehen, nicht mitgezählt.

$$\underbrace{0{,}865}_{3}\ \mathrm{m}^2 \cdot \underbrace{1{,}90}_{3}\ \mathrm{m} = 0{,}16435\ \mathrm{m}^3 \approx \underbrace{0{,}164}_{3}\ \mathrm{m}^3$$

$$\underbrace{0{,}07}_{1}\ \frac{\mathrm{m}}{\mathrm{s}} \cdot \underbrace{6{,}24}_{3}\ \mathrm{s} = 0{,}4368\ \mathrm{m} \approx \underbrace{0{,}4}_{1}\ \mathrm{m}$$

$$\underbrace{225}_{3}\ \mathrm{g} : \underbrace{19}_{\text{kein genauer Wert}} = 11{,}842105\ \mathrm{g} \approx \underbrace{11{,}8}_{3}\ \mathrm{g}$$

$$\underbrace{115{,}20}_{5}\ \mathrm{m} \cdot \underbrace{68{,}7}_{3}\ \mathrm{m} = 7\,914{,}240\ \mathrm{m}^2 \approx 7910\ \mathrm{m}^2$$

Aufgaben

1. In welcher Einheit würdest du folgende Größen angeben?

a) Fläche eines Weizenfeldes
b) Fassungsvermögen einer Badewanne
c) Geschwindigkeit eines Intercitys
d) Belastbarkeit eines Personenaufzuges
e) Zeitdauer eines 400-m-Laufes
f) Breite einer Tapetenrolle
g) Dichte von Blei
h) Masse eines Tennisballs

2. Welche Einheit „e" ist sinnvoll?

a) Ein Tisch ist 120 e lang.
b) Ein Heft hat eine Fläche von 6 e.
c) Von einem Getreidefeld kann man 35 e ernten.
d) Eine Feuerwehrleiter ist 32 e hoch.
e) Eine Vollkornbrotschnitte ist 50 e schwer.
f) Ein 100-Meter-Lauf dauert 14 e.
g) Ein Wohnzimmer hat eine Fläche von 25 e.
h) Ein Schritt ist 70 e lang.
i) Ein Reisekoffer hat ein Volumen von 48 e.

3. Gib in einer übersichtlicheren Einheit an!

a)	b)	c)	d)	e)
34 000 g	650 000 m	0,000 007 km	1 000 000 ml	0,0001 ha
25 000 000 cm	0,000 04 t	180 Monate	3 600 min	720 h
0,000 52 g	2 500 min	0,02 Jahre	0,000 2 *l*	36 000 s
325 000 cm	360 h	0,1 h	125 000 m^2	3 500 mg

4. Rechne jeweils in die in Klammern angegebene Einheit um!

a)	b)	c)	d)	e)
4,63 kg (g)	0,03 km (m)	75 mg (g)	80 dm^2 (m^2)	$\frac{3}{4}$ kg (g)
9,5 m (cm)	3 435 *l* (hl)	0,3 h (min)	506 kg (t)	783 mm (dm)
3 000 min (h)	123 cm^2 (dm^2)	6 m (km)	$\frac{1}{8}$ km (m)	$\frac{1}{5}$ m^2 (cm^2)
0,7 ha (m^2)	2,05 t (kg)	94 *l* (ml)	860 dm^3 (m^3)	$\frac{1}{12}$ h (s)
0,04 m (mm)	1200 mg (kg)	200 cm^2	2,5 h (s)	20 m^3 (dm^3)

5. Gib in einer anderen Einheit an!

a)	b)	c)	d)	e)
11400 m	0,5 g	870 cm	6 000 m^2	$\frac{1}{2}$ m^3
3 200 kg	0,4 h	0,01 t	530 dm	$\frac{2}{5}$ km
14 500 m^2	0,07 m	240 *l*	0,321 km	$\frac{1}{10}$ min
60 000 s	0,003 dm^3	0,31 dt	7 hl	$\frac{5}{4}$ cm^2

6. Ordne der Größe nach! Beginne jeweils mit dem kleinsten Wert!

a) 3 m 5 dm; 3,05 m; 355 cm
b) 2 020 m^2; 0,22 ha; 2 000 m^2; 2 000 cm^2
c) 1,14 t; 411 kg; 14,1 dt
d) 500,04 m; 5004 dm; $\frac{1}{2}$ km
e) 8,069 kg; 8609 g; 8 kg 690 g
f) 1005 *l*; 1,5 hl; 1 hl 55 *l*

7. Berechne!

a) 8,4 m + 721 cm + 3,5 dm
b) $9\frac{1}{2}$ km + 6 400 m – 1 300 mm
c) 536 m^2 + 0,38 ha + 2,2 a
d) 9 h 24 min – $5\frac{1}{2}$ h + 1080 s
e) 0,075 t – 8 915 g + 13,24 kg
f) 0,409 kg – 16,5 g – 87250 mg

8. Wurden folgende Größenangaben richtig umgerechnet? Berichtige, wenn nötig!

a) 41520 m = 41,520 km
b) 3765 kg = 376,5 dt
c) 39 m^3 = 39 000 cm^3
d) 0,1 h = 10 min
e) 75 ha = 750 000 m^2
f) 250 m 180 cm = 251,8 m

9. Bilde die beiden Verhältnisse der Größen und gib die Bedeutung des Verhältnisses an!

a) 3,5 m^3 Beton wiegen 7 t.
b) Fünf SMS-Nachrichten kosten 80 ct.
c) Das Auto hat für eine Strecke 300 km etwa 24 *l* Kraftstoff verbraucht.

10. Wie genau wurden die folgenden Messwerte ermittelt?

a) 3,425 km
b) 15,4 t
c) 6,37 m^2
d) 8,15 m
e) 105,64 hl
f) 3,8 cm
g) 21,250 kg
h) 67,42 dt

11. Bestimme für jeden der gegebenen Näherungswerte die Anzahl der Stellen, die bei Multiplikations- bzw. Divisionsaufgaben mit diesen Werten sinnvoll zu berücksichtigen ist!

a) 7,4 m
b) 3,250 kg
c) 0,241 km
d) 0,20 m
e) 0,008 t
f) 20,01 m^2
g) 32,500 dt
h) 1090 mm
i) 42902 km
j) 0,050 l
k) 1,205 m
l) 505 g

12. Runde die mit einem Taschenrechner ermittelten Ergebnisse sinnvoll! (Alle Ausgangswerte außer π sind Näherungswerte.)

a) $12 \cdot 6{,}7 = 80{,}4$
b) $4{,}25 \cdot 70{,}1 = 297{,}925$
c) $0{,}001 \cdot 89 = 0{,}089$
d) $8{,}4^2 \cdot \pi = 221{,}6707776$
e) $11{,}0^2 \cdot \pi = 380{,}1327111$
f) $75 \cdot 163 = 12225$
g) $\sqrt{8{,}4} \cdot \pi = 8{,}885765876$
h) $\sqrt{11} \cdot \pi = 10{,}41948408$
i) $\sqrt{8{,}4} \cdot \sqrt{11} = 9{,}61249$

13. Berechne mit sinnvoller Genauigkeit! (Alle Angaben sind Messwerte.)

a) 91,4 cm · 28 cm
b) 10,00 m · 7,5 m
c) 42,21 km · 21 km
d) 5,234 m · 8,21 m · 0,764 m
e) 0,021 kg · 125 kg
f) 4,5 cm · 0,7 cm · 1,8 cm

14. Berechne mit sinnvoller Genauigkeit! (Alle Größenangaben sind Näherungswerte.)

a) 185 kg : 13
b) 125 cm : 15
c) 45,30 m^2 : 4
d) 62,3 m : 3
e) 7,52 t : 5
f) 0,75 s : 11
g) 177,7 m^3 : 3 m^3
h) 222,2 *l* : 0,5 *l*
i) 3,875 kg : 7 kg

15. Wie groß ist die Fläche eines Klassenraumes, dessen Länge mit 9,5 m und dessen Breite mit 6,5 m gemessen wurden?

16. Angeregt durch eine Zeitungsnotiz möchte Sven berechnen, welche Masse die Luft in seinem Zimmer hat. Der Einfachheit halber nimmt er an, dass das Zimmer leer sei. Sven misst und notiert sich die Maße: Länge 4,5 m; Breite 3,5 m; Höhe 2,5 m. Rechne!

17. Ein Schwimmbecken mit einer Länge von 25,0 m, einer Breite von 15,5 m und einer Wassertiefe von 2,3 m wurde mit Meereswasser gefüllt.

a) Wie groß ist die Masse dieser Wassermenge in Tonnen? (Dichte von Meerwasser: $\rho = 1{,}02\ \frac{g}{cm^3}$)

b) Wie viel Tonnen ist diese Wassermenge schwerer als die gleiche Menge Leitungswasser? (Dichte von Leitungswasser: $\rho \approx 1{,}00\ \frac{g}{cm^3}$)

18. Wie schwer ist eine Kugel aus Styropor ($\rho \approx 0{,}03\ \frac{g}{cm^3}$) von 1,0 m Durchmesser? Schätze zuerst!

1.4 Direkte und umgekehrte Proportionalität

Direkte Proportionalität

Sind zwei Größen proportional zueinander, so gilt:

- Wird eine Größe verdoppelt (verdreifacht), so verdoppelt (verdreifacht) sich auch die andere Größe.
- Die Quotienten einander entsprechender Werte sind gleich.

Umgekehrte Proportionalität

Sind zwei Größen umgekehrt proportional zueinander, so gilt:

- Wird eine Größe verdoppelt (verdreifacht), so halbiert (drittelt) sich die andere Größe.
- Die Produkte einander entsprechender Werte sind gleich.

Sachaufgaben zu proportionalen und umgekehrt proportionalen Zusammenhängen

1. *Bestimme zuerst, um welche beiden Größen es in der Aufgabe geht!*
2. *Untersuche dann, ob die beiden Größen proportional oder umgekehrt proportional zueinander sind! Man kann fragen:*
   - Wie ändert sich die eine Größe bei Änderung der anderen?
   - Was bleibt gleich, der Quotient oder das Produkt der beiden Größen?
3. *Ermittle dann den gesuchten Wert durch:*
   - Schließen auf die Einheit einer Größe (Dreisatz) oder
   - Nutzen der Gleichheit der Quotienten oder der Produkte

Direkte Proportionalität

Wie viel Euro kosten 125 g Feinkostsalat, wenn man für 300 g genau 9,00 € bezahlen muss?

		Masse		Preis	
		300 g	≙	9,00 €	
Schließen auf die Einheit einer Größe	: 300	↓		↓	: 300
		1 g	≙	0,03 €	
Schließen auf die gesuchte Vielheit	· 125	↓		↓	· 125
		125 g	≙	3,75 €	

Antwort: 125 g Feinkostsalat kosten 3,75 €.

Umgekehrte Proportionalität

Ein Futtervorrat reicht für fünf Pferde 32 Tage. Wie lange reicht der gleiche Vorrat für nur vier Pferde, wenn alle Pferde pro Tag die gleiche Menge Futter bekommen?

Der Futtervorrat bleibt gleich. Das Produkt 5 · 32 Tage sind die vorhandenen Tagesrationen. Es gilt:

$$5 \cdot 32 = 4 \cdot x$$

$$x = \frac{5 \cdot 32}{4}$$

$$x = 40$$

Antwort: Für vier Pferde reicht der Vorrat 40 Tage.

Aufgaben

1. Ermittle, ob die beiden Größen direkt proportional oder umgekehrt proportional zueinander sind, oder ob keines davon zutrifft!

a) Menge getankten Benzins und zugehöriger Preis
b) Lebensalter eines Menschen und seine Körperlänge
c) Anzahl der Arbeiter, die einen Graben ausheben, und die dafür benötigte Zeit
d) Länge der Parkzeit und zu zahlende Parkgebühren
e) Anzahl der Mitglieder einer Tippgemeinschaft und Höhe des Gewinnanteils
f) Größe der Wand- und Deckenfläche eines zu tapezierenden Zimmers und Anzahl der zu kaufenden Tapetenrollen
g) Kantenlänge einer quadratischen Bodenfliese und Anzahl der für eine Reihe benötigten Fliesen
h) Anzahl der Verbraucher, die von einem Vorrat versorgt werden, und Zeitdauer, die der Vorrat ausreicht
i) Masse einer Ware und ihr Preis
j) Anzahl gleich starker Zuflüsse, die einen Brunnen mit Wasser füllen, und die dafür benötigte Zeit

2. Überprüfe, ob es sich um proportionale Zuordnungen handelt, indem du die Quotienten einander zugeordneter Werte bildest!

a)

Anzahl der Flaschen mit Fruchtsaft	1	2	3	4	5
Preis (in Euro)	0,82	1,64	2,46	3,28	4,10

b)

Weg (in Meter)	10	25	40	65	80
Zeit (in Sekunden)	2	5	9	16	21

c)

Länge der Quadratseite (in Zentimeter)	1	2	4	5	7
Umfang (in Zentimeter)	4	8	16	20	28

d)

Länge der Quadratseite (in Zentimeter)	1	2	4	5	9
Flächeninhalt (in Quadratzentimeter)	1	4	16	25	81

3. Überprüfe, ob es sich um umgekehrt proportionale Zuordnungen handelt, indem du die Produkte einander zugeordneter Werte bildest!

a)

Anzahl der Mitglieder einer Tippgemeinschaft	1	2	3	4	12
Gewinn (in Euro)	24 000	12 000	8 000	6 000	2 000

b)

Geschwindigkeit (in Kilometer pro Stunde)	240	160	120	80	30
Fahrzeit (in Stunden)	4	6	8	12	32

c)

Anzahl der Übernachtungen	1	2	3	4	5
Preis pro Nacht (in Euro)	65	63	61	59	57

d)

Fassungsvermögen eines Behälters (in Liter)	8	12	48	120	240
Anzahl der benötigten Behälter	30	20	5	2	1

4. Bei folgenden Beispielen handelt es sich um proportionale Zusammenhänge. Rechne im Kopf!

a) 10 *l* Olivenöl wiegen 9,1 kg. Wie schwer ist ein Liter Olivenöl?

b) Ein Fußgänger legt 9 km in 1,5 h zurück. Wie viel Kilometer schafft er in einer Stunde?

c) Eine Treppe überbrückt mit acht Stufen einen Höhenunterschied von 1,44 m.
Wie hoch ist eine Stufe dieser Treppe?

d) Ein Kilogramm Birnen kostet 1,45 €.
Wie viel Euro kosten drei Kilogramm?

e) Ein Radfahrer legt in einer Stunde 18 km zurück.
Wie weit kommt er in einer Viertelstunde?

f) 1m^3 trockener Sand wiegt 1,6 t.
Wie schwer sind 2,5 m^3 des Sandes?

g) 0,5 m Stoff kosten 9,50 €. Wie viel Euro kosten 3 m?

5. Eisen hat eine Dichte von 7,86 $\frac{g}{cm^3}$. Berechne die Masse bzw. das Volumen des folgenden Eisenteils!

a) $V = 15\ cm^3$ b) $m = 630\ g$ c) $m = 738\ kg$ d) $V = 9{,}2\ dm^3$

6. Im vergangenen Jahr ernteten drei Mähdrescher ein Getreidefeld in 5,5 h ab. Dieses Jahr stehen für ein gleich großes Feld nur zwei Mähdrescher zur Verfügung.
Wie viele Stunden werden sie bei gleicher Leistung zum Abernten dieses Feldes benötigen?

7. Bei den folgenden Beispielen handelt es sich um umgekehrt proportionale Zusammenhänge. Rechne im Kopf!

a) Drei Arbeiter brauchen für eine bestimmte Arbeit fünf Stunden. Wie lange braucht ein Arbeiter für die gleiche Arbeit?

b) Zwei gleich starke Pumpen füllen ein Schwimmbecken in neun Stunden. Wie lange braucht eine Pumpe dafür?

c) Bei einer Geschwindigkeit von 15 km pro Stunde benötigt ein Radfahrer bis zur Schwimmhalle 5 min. Wie lange braucht ein Fußgänger für dieselbe Strecke, wenn er nur 5 km in einer Stunde geht?

d) Ein Arbeiter mäht eine Rasenfläche in 5,5 h. Wie lange brauchen zwei Arbeiter für die gleiche Arbeit?

e) Wenn Steffen in den Ferien wöchentlich 10 € ausgibt, reicht sein gespartes Taschengeld für sechs Wochen. Wie lange reicht es, wenn er wöchentlich 15 € ausgibt?

f) Eine Fahrt mit einem Taxi zum Flughafen kostet 17,70 €. Wie viel muss eine Person zahlen, wenn sich drei Personen für diese Fahrt ein Taxi teilen und die Kosten gleichmäßig aufgeteilt werden?

8. Karin und Marie möchten die im Garten geernteten Früchte mit Gelierzucker zu Marmelade und Gelee verarbeiten. Im Rezept auf der Tüte steht:

Marmelade/Konfitüre	Gelee
1 000 g Früchte	900 ml Fruchtsaft
500 g Gelierzucker	500 g Gelierzucker

Die Zutaten pro Rezept können maximal verdoppelt werden. Die Kochzeit verdoppelt sich nicht.
Wie viel Gelierzucker benötigen Karin und Marie für folgende Angaben?

a) 1 450 g Früchte   b) 1 700 ml Fruchtsaft

9. In einer Wohnanlage sollen zwei Höfe mit Formsteinen ausgelegt werden. Für den 7m breiten und 8 m langen Hof werden 2 800 Steine benötigt.
Wie viele Steine benötigt man für den 8,5 m breiten und 12 m langen Hof?
Im Baumarkt werden die Formsteine nur in Paletten zu je 450 Stück abgegeben.
Wie viele Paletten müssen für die beiden Höfe gekauft werden?

10. Anja hat sich vorgenommen, für den Winterurlaub einen warmen Pullover zu stricken. Eine Maschenprobe ergab, dass 20 Maschen und 23 Reihen ein Quadrat von 10 cm x 10 cm ergeben.
In der Strickanleitung wird vorgeschlagen, für das Vorderteil 120 Maschen anzuschlagen. Dabei ergaben in der Maschenprobe der Anleitung 24 Maschen und 26 Reihen ein Quadrat von 10 cm x 10 cm. Wie viele Maschen muss Anja für das Vorderteil aufnehmen?

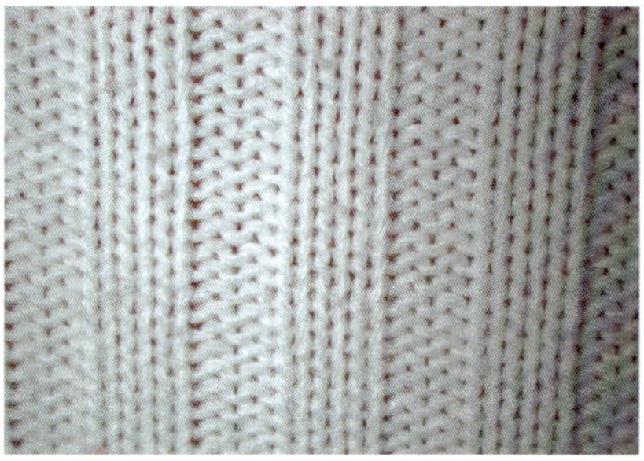

11. Ein Liter Vollmilch enthält 3,5 % Fett, ein Liter fettarme Milch nur 1,5 %.
Wie viel Gramm Fett sind jeweils in einem Glas Milch (200 ml) enthalten?

2 Prozent- und Zinsrechnung

Zum Vergleichen und Veranschaulichen von Größen oder Zahlenangaben werden häufig Prozentangaben verwendet. Dabei werden die Angaben auf die Vergleichszahl 100 bezogen. Prozentangaben sind nur in Verbindung mit einer Bezugsgröße G sinnvoll.

Ein Prozent von G ist ein Hundertstel von G. $1\,\%$ von $G = \frac{1}{100} \cdot G = \frac{G}{100}$

Die Bezugsgröße G heißt **Grundwert**, die Angabe p % heißt **Prozentsatz** und die Zahl p vor dem Prozentzeichen heißt **Prozentzahl** (Prozentpunkt). Der Wert, der dem Prozentsatz entspricht, heißt **Prozentwert** W.

Grundgleichung der Prozentrechnung: $\mathbf{W = p\,\% \cdot G = \frac{p \cdot G}{100}}$

Bequeme Prozentsätze

Bei einigen Prozentsätzen kann man bei gegebenen Grundwerten die zugehörigen Prozentwerte sehr leicht (bequem) im Kopf angeben, weil man mit einfachen Brüchen rechnen kann.

Prozentsätze	1 %	5 %	10 %	25 %	$33\frac{1}{3}$ %	50 %	75 %
Brüche	$\frac{1}{100}$	$\frac{1}{20}$	$\frac{1}{10}$	$\frac{1}{4}$	$\frac{1}{3}$	$\frac{1}{2}$	$\frac{3}{4}$
Dezimalbrüche	0,01	0,05	0,1	0,25	$0,\bar{3}$	0,5	0,75
Zeichnerische Darstellung	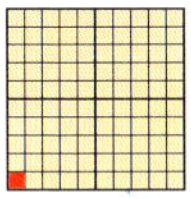	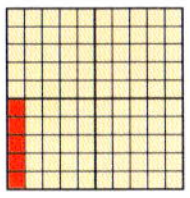	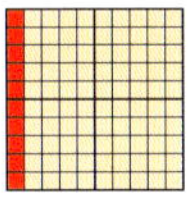	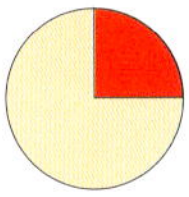	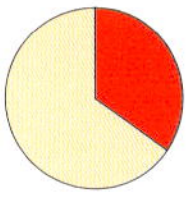	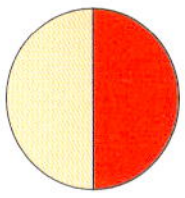	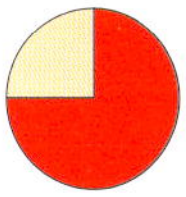

Weitere bequeme Prozentsätze sind:

$20\,\% = \frac{1}{5} = 0{,}2$; $66\frac{2}{3}\,\% = \frac{2}{3} = 0{,}\bar{6}$; $80\,\% = \frac{4}{5} = 0{,}8$; $100\,\% = 1$

Berechnen von Prozentwerten, Prozentsätzen und Grundwerten

Das Berechnen von Prozentwerten, Prozentsätzen und Grundwerten kann mit der Grundgleichung der Prozentrechnung oder mit dem Dreisatz erfolgen.

Prozentuale Veränderungen

Prozentaufgaben werden auch verwendet, um prozentuale Veränderungen eines Grundwertes anzugeben. Dabei ist der Unterschied der Formulierungen „um" und „auf" zu beachten.

Der Preis von 160 € wird um 15 % auf 115 % erhöht.
15 % von 160 € = 24 €; somit gilt: 160 € + 24 € = 184 €
oder:
15 % + 100 % = 115 % somit gilt: 115 % von 160 € = 184 €

Zinsrechnung

Eine der wichtigsten Anwendungen der Prozentrechnung ist die Zinsrechnung. So entsprechen die Grundbegriffe und die Grundgleichung der Zinsrechnung auch denen der Prozentrechnung.

Prozentrechnung:	Grundwert G	Prozentsatz p %	Prozentwert W	$W = p\,\% \cdot G$
	↕	↕	↕	↕
Zinsrechnung:	Kapital K	Zinssatz p %	Zinsen Z	$Z = p\,\% \cdot K = \frac{p \cdot K}{100}$

Bei der Zinsrechnung spielt außerdem die Zeit eine Rolle. So bezieht sich der Zinssatz im Allgemeinen auf ein Jahr, abgekürzt p.a. Für die Anzahl der Jahre wird n, für die Anzahl der Monate m und für die Anzahl der Tage t benutzt. Im (deutschen) Bankwesen wird das Jahr mit 360 Tagen und der Monat mit 30 Tagen angesetzt. Verzinst werden nur ganze Eurobeträge.

Aufgaben

1. Berechne im Kopf!

a) 50 % von 200 € sind wie viel Euro?
b) 25 % sind 160 m. Wie viel Meter sind 100 %?
c) 50 % sind 200 €. Wie viel Euro sind 100 %?
d) 25 % von 160 m sind wie viel Meter?
e) 50 € von 200 € sind wie viel Prozent?
f) 25 kg von 160 kg sind wie viel Prozent?
g) 30 g sind 100 %. Wie viel Prozent sind 75 g?
h) 1 % von 2000 € sind wie viel Euro?
i) 75 % von 30 g sind wie viel Gramm?
j) 10 % von 2000 € sind wie viel Euro?
k) 75 % sind 30 g. Wie viel Gramm sind 100 %?
l) 110 % von 2000 € sind wie viel Euro?

2. Wie viel Prozent der rechteckigen Fläche sind grün?

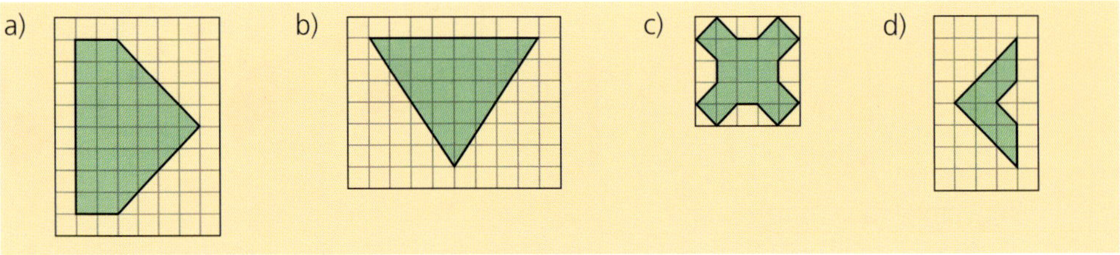

3. Berechne! Runde sinnvoll!

a) 18 % von 640 kg
b) 52 % von 38 ha
c) 38,5 % von 8500 *l*
d) 7,5 % von 1,8 t
e) 0,4 % von 203 t
f) 16,8 % von 70,5 m^2

4. Berechne den Grundwert, also den entsprechenden Wert zu 100 %!

a) 25 % sind 480 €
b) 5 % sind 120 km
c) 100 ha sind 15 %
d) 21 *l* sind 3,5 %
e) 16 % sind 87,60 €
f) 6,75 ml sind 0,9 %

5. Berechne den Prozentsatz!

a) 20 Punkte von 48 Punkten
b) 12 € von 52 €
c) 12,5 km von 24 km
d) 4,20 € von 1,7 €
e) 0,4 ha von 24 ha
f) 1,3 Mio. von 20,5 Mio.

6. Bei Wahlen zum Schülersprecher wurden in einer Schule 240 Stimmen abgegeben. Tina bekam 63 Stimmen, auf Grit entfielen 28 % der Stimmen, Jan bekam ein Fünftel der Stimmen und Sven hatte den Rest der Stimmen.

a) Wer wurde zum Schülersprecher gewählt?
b) Fertige mit den Daten ein Kreisdiagramm an!

7. Der Preis für ein Paar Turnschuhe ist von 50,00 € auf 40,00 € ermäßigt worden. Auf wie viel Prozent ist der Preis gefallen?

8. Im Sommerschlussverkauf wird ein T-Shirt um 15 % preiswerter angeboten. Es kostet dann nur noch 13,00 €. Wie viel Euro hat das T-Shirt ursprünglich gekostet?

9. Der Stundenlohn eines Mitarbeiters wird um 5,2 % erhöht. Danach verdient er 78 ct mehr. Wie viel Euro hat der Mitarbeiter bisher verdient?

10. Auf einer 375 g-Packung Cornflakes stehen nebenstehende Angaben. Zeichne ein Kreisdiagramm und berechne, wie viel Gramm jeweils auf die einzelnen Inhaltsstoffe entfallen!

Eiweiß:	8,2 %
Fette:	1,1 %
Kohlenhydrate:	80,5 %
Sonstiges:	10,2 %

11. Ein DVD-Player kostet 299,99 €. Bei Ratenzahlung muss der Käufer 25,00 € Aufschlag auf den Listenpreis zahlen. Um wie viel Prozent wird das Gerät dadurch teurer?

12. Nach einer Rekonstruktion konnte der Heizölverbrauch einer Wohnung von 4500 *l* auf 4150 *l* gesenkt werden. Um wie viel Prozent konnte der Verbrauch gesenkt werden?

13. Frau Brahe kauft einen Staubsauger für 65 € plus 16 % Mehrwertsteuer. Sie handelt mit dem Verkäufer den Gesamtpreis auf 57 € (einschließlich Mehrwertsteuer) herunter. Wie viel Prozent Preisnachlass hat Frau Brahe erhalten?

14. Der Bruttolohn von Frau Pfennig beträgt 2490 €, ihr Nettolohn 1767,90 €. Wie viel Prozent vom Bruttolohn erhält Frau Pfennig?

15. In einer Papierfabrik wurden im Vorjahr 175000 t Altpapier verarbeitet. In diesem Jahr waren es 11500 t mehr. Auf wie viel Prozent stieg die Verarbeitung von Altpapier in diesem Jahr verglichen mit dem Vorjahr an?

16. In einer Flaschenreinigungsanlage wurde der Wasserverbrauch von 0,5 *l* pro Flasche auf 150 ml pro Flasche gesenkt.

a) Berechne den Wasserverbrauch für 60000 Flaschen vor bzw. nach der Einsparung!

b) Um wie viel Prozent wurde der Wasserverbrauch gesenkt?

17. Herr Reiche bezieht eine 82 m^2 große Wohnung mit einer Kaltmiete von 4,75 € pro Quadratmeter.

a) Wie viel Euro beträgt die Kaltmiete im Monat?

b) Frau Hunger bezahlt für eine Wohnung gleicher Größe monatlich 315,00 €. Wie viel Euro bezahlt Herr Reiche im gesamten Jahr mehr als Frau Hunger?

c) Herr Reiche muss nach fünf Jahren mit einer Mietsteigerung von 5 % rechnen. Wie viel Euro Kaltmiete würde Herr Reiche dann monatlich zahlen?

18. Ein Geschäft erhält eine Lieferung von 20 Fahrrädern zum Bezugspreis von 250,00 €. Zum Bezugspreis kommen 20 % als Geschäftskosten hinzu. Dieser Selbstkostenpreis wird dann um einen kalkulierten Gewinn von 20 % erhöht und ergibt den Nettoverkaufspreis, zu dem dann noch die Mehrwertsteuer von 16 % dazukommt.

a) Berechne den Verkaufspreis für das Fahrrad!

b) Welchen Betrag (Mehrwertsteuer) erhält das Finanzamt beim Verkauf aller Fahrräder?

c) Bei Ratenzahlung erhöht sich der Endpreis um 20,00 €. Um wie viel Prozent wird ein Fahrrad dann teurer?

3 Terme, Gleichungen, Ungleichungen und Gleichungssysteme

3.1 Arbeiten mit Termen

Verwenden und Deuten von Termen

Terme mit Variablen werden verwendet, um Eigenschaften von Objekten bzw. Sachverhalte mit gleicher Struktur allgemein zu beschreiben.

Bei einigen Termen muss der Variablengrundbereich eingeschränkt werden.

$\frac{4}{x^2-4}$; $x \neq 2$ und $x \neq -2$:	– Der Nenner eines Bruches darf nie die Zahl 0 annehmen.
$\sqrt[3]{a}$; $a \geq 0$:	– Die 3. Wurzel ist wegen der Eindeutigkeit der Rechenoperationen nur für nichtnegative reelle Zahlen erklärt.

Struktur von Termen

Jeder Term hat eine bestimmte Struktur, die zu bestimmen ist, wenn mit dem Term gearbeitet werden soll. Die Termstruktur richtet sich nach der zuletzt auszuführenden Rechenoperation, wenn man den Term mit Zahlen belegen würde.

Der Term $\frac{a^2-b^2}{2ab}$ hat die Struktur $\frac{T_1}{T_2} = \frac{(T_3)^2-(T_4)^2}{2 \cdot T_3 \cdot T_4}$.

Es ist also ein Quotient aus der Differenz der Quadrate zweier Zahlen und dem doppelten Produkt der gleichen Zahlen.

Vereinfachen von Summen und Differenzen

Kommen in Termen die gleichen Variablen mehrfach vor, so kann man sie zusammenfassen und als Produkt aus Zahl und Variable schreiben.

Die Zahl, die vor einer Variablen steht, heißt **Koeffizient.** Der Koeffizient 1 wird nicht geschrieben, das Multiplikationszeichen kann entfallen.

Treten gleiche Variablen mit unterschiedlichen Koeffizienten auf, so werden sie zusammengefasst, indem man die Koeffizienten addiert bzw. subtrahiert. Alle Zeichen werden als Vorzeichen aufgefasst.

Die Bestandteile einer Summe heißen Glieder der Summe. Glieder einer Summe kann man ordnen. Gleichartige Glieder kann man zusammenfassen.

Im Endergebnis werden die Variablen in lexikographischer Anordnung geschrieben.

Kommen in einer Summe Klammern vor, so kann man diese auflösen.

1. Steht vor der Klammer das Zeichen „+“, lässt man das Zeichen „+“ und die Klammer weg.
2. Steht vor der Klammer das Zeichen „–“, lässt man die Klammer und das Zeichen vor der Klammer weg und kehrt die Zeichen „+“ bzw. „–“ bei allen Gliedern in der Klammer jeweils um.

Vereinfachen von Produkten und Quotienten

Produkte, in denen Zahlen und Variablen auftreten, werden in folgenden Schritten vereinfacht:

1. Vorzeichen des Produktes ermitteln: $12x \cdot (-4xy^2) \cdot 0{,}5x^2yz$
2. Beträge der Zahlen multiplizieren und Variable multiplizieren: $-12 \cdot 4 \cdot 0{,}5 \cdot x \cdot x \cdot x^2 \cdot y^2 \cdot y \cdot z$
3. Potenzschreibweise für gleichartige Variablen nutzen: $-24x^4y^3z$

Diese Schritte werden beim Ausmultiplizieren von Summen mehrfach angewendet.

Quotienten von Zahlen und Variablen können analog vereinfacht werden. Es sollte außerdem sinnvoll gekürzt werden.

1. Vorzeichen des Quotienten ermitteln: $48a^2bc^3 : (-12a^2b^2c)$
2. Beträge der Zahlen und gleichartige Variable kürzen: $-\frac{48 \cdot a \cdot a \cdot b \cdot c \cdot c \cdot c}{12 \cdot a \cdot a \cdot b \cdot b \cdot c}$
3. Ergebnis schreiben: $-4\frac{c^2}{b}$

Ausmultiplizieren

Eine Summe wird mit einer Variablen oder mit einer Zahl multipliziert, indem jedes Glied der Summe in der Klammer mit dieser Variablen oder Zahl multipliziert wird.

Ausklammern

Aus einer Summe kann man eine Variable oder eine Zahl ausklammern, indem man die Variable bzw. die Zahl als Faktor vor die Summe setzt und jedes Glied der Summe durch diese Variable bzw. diese Zahl dividiert oder mit dem Reziproken der Variable bzw. der Zahl multipliziert.

Multiplizieren von Summen

Zwei Summen werden miteinander multipliziert, indem man jedes Glied der einen Summe mit jedem Glied der anderen Summe multipliziert und die so entstehenden Produkte addiert.

Binomische Formeln

Es gilt: $(a + b)^2 = a^2 + 2ab + b^2$

$(2x + 3y)^2 = (2x)^2 + 2 \cdot 2x \cdot 3y + (3y)^2 = 4x^2 + 12xy + 9y^2$

$(a - b)^2 = a^2 - 2ab + b^2$

$(1{,}5r - 0{,}5s)^2 = (1{,}5\,r)^2 - 2 \cdot 1{,}5r \cdot 0{,}5s + (0{,}5s)^2 = 2{,}25r^2 - 1{,}5rs + 0{,}25s^2$

$(a + b)(a - b) = a^2 - b^2$

$(-2w + 5v)(-2w - 5v) = (-2w)^2 - (5v)^2 = 4w^2 - 25v^2$

Mithilfe der binomischen Formeln können bestimmte Summen in Produkte umgeformt werden.

$36s^2 + 60st + 25t^2 = (6s + 5t)^2$;	$a \mathrel{\hat=} 6s$; $b \mathrel{\hat=} 5t$;	1. binomische Formel
$49x^2 - 14xy + y^2 = (7x - y)^2$;	$a \mathrel{\hat=} 7x$; $b \mathrel{\hat=} y$;	2. binomische Formel
$4z^2 - \frac{1}{9} = (2z + \frac{1}{3}) \cdot (2z - \frac{1}{3})$;	$a \mathrel{\hat=} 2z$; $b \mathrel{\hat=} \frac{1}{3}$;	3. binomische Formel

Aufgaben

1. Schreibe mithilfe der Variablen a! Beachte auch Einschränkungen des Grundbereiches!

a) das Doppelte einer Zahl
b) das Vierfache einer Zahl vermindert um 7
c) der Nachfolger einer natürlichen Zahl
d) das Quadrat einer Zahl
e) die Hälfte einer Zahl vermehrt um 2
f) das Entgegengesetzte einer Zahl
g) die Summe aus einer natürlichen Zahl und dem Doppelten ihres Nachfolgers

2. Schreibe mithilfe der Variablen a und b! Beachte Einschränkungen des Grundbereiches! Gib jeweils die Termstruktur an!

a) die Quadratwurzel aus der Summe zweier Zahlen
b) das Doppelte einer Zahl vermindert um eine andere Zahl
c) die Differenz aus einer Zahl und der Quadratwurzel einer anderen Zahl
d) das Dreifache der Summe zweier Zahlen und ihrer Nachfolger
e) der dritte Teil aus der Summe zweier Zahlen

3. Einer 500-Gramm-Packung Salz werden n gleich groß gehäufte Teelöffel Salz entnommen. Es bleiben 440 g Salz übrig. Wie viel Gramm Salz passen durchschnittlich auf einen Teelöffel?

4. Für einen Leihwagen beträgt die Grundgebühr 25 € pro Tag. Pro gefahrenen Kilometer werden 15 ct berechnet. Berechne den Preis für n gefahrene Kilometer an m Tagen!

5. Gib die Summen aller Kanten jedes Körpers als Term an und vereinfache ihn weitgehend!

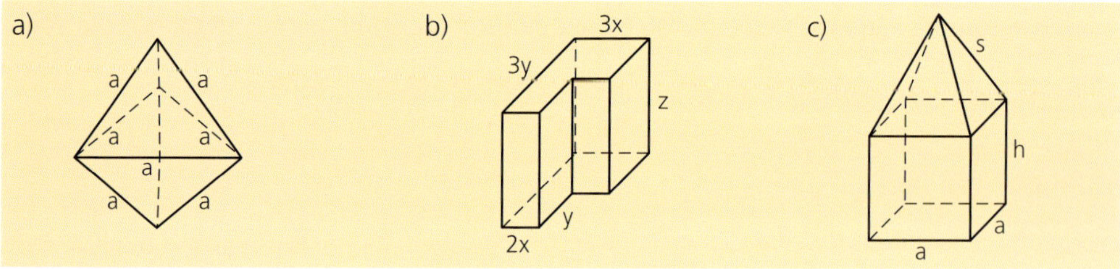

6. Die Länge einer Quadratseite wird um 5 cm vergrößert.

a) Fertige eine Skizze an!
b) Gib einen Term für den Umfang des ursprünglichen Quadrates und einen Term für den Umfang des neuen Quadrates an!
c) Berechne die Differenz aus dem Umfang des neuen Quadrates und des ursprünglichen Quadrates!
d) Berechne die Differenz aus den Flächeninhalten der beiden Quadrate!

7. Gib jeweils einen Term zur Berechnung der gesuchten Größe an!

a) gesucht: Umfang u
b) gesucht: Flächeninhalt A
c) gesucht: Umfang u

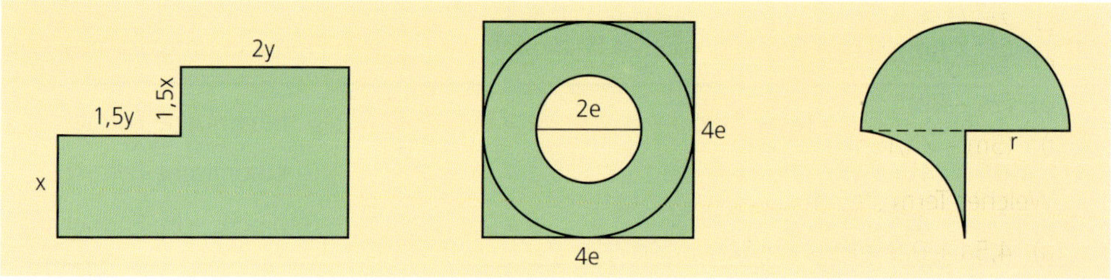

8. Gib jeweils die Termstruktur an! Beschreibe die Teilterme! Berechne die Werte der Terme für $a = -6$; $b = 4$; $c = 0{,}7$ und $d = 2$ ohne Taschenrechner!

a) $a + b \cdot c$ b) $(a + b) \cdot (c - d)$ c) $\frac{a+b}{d} \cdot (-c)$ d) $\sqrt{(bd)^2}$ e) $-\frac{d^2}{2b}$

f) $\frac{2a + b^2}{a \cdot b + d}$ g) $\frac{d}{b} - \frac{a}{d}$ h) $(a^2 - b^3) : (-10c)$ i) $\frac{d}{a} - \frac{a}{b}$

9. Berechne die Termwerte mit den Zahlen -3; -2; -1; 0; $0{,}5$; 1; 2 für x!
Für welche x sind die Terme nicht definiert?

a) $2x + 1$ b) $x^2 - 1$ c) x^{-1} d) $2x^2 - x - 1$ e) $\frac{x+2}{2}$

f) $x - 0{,}1x^2$ g) $(x + 3)^2$ h) $\frac{x^3}{x^2}$ i) $\frac{x^2}{2}$ j) $\frac{x^2}{x-1}$

10. Fasse zusammen!

a) $2y + 5y - 4y$ b) $5x - 11x + 2x$

c) $3a + 4b$ d) $25a + 3b - 17b - 36a$

e) $\frac{7}{2}a - \frac{1}{4}a + 2a$ f) $6xy - 13y - 6xy + 10y - 3x^2 + 10y$

g) $13x^2 - 3y + 12x + 3y - 20x^2 + y$ h) $\frac{x^2}{5} - \frac{y^2}{4} + \frac{x^2}{10} + \frac{y^2}{8}$

*i) $\frac{1}{a} + \frac{2}{b} + \frac{3}{c}$ *j) $\frac{1}{a+b} - \frac{1}{a}$

11. Löse die Klammern auf und fasse dann weitgehend zusammen!

a) $2x + (3x - 5y)$ b) $5y - (4y + 5z)$

c) $4a - 3b - (4a - 3b)$ d) $10a - (-14a + 3b) + 5a$

e) $3k - (2m + 21k) + (-4k - m)$ f) $(3ab - 4c) + (8c - 2ab) - 3d$

g) $-(2x^2 - y) - 3x + (-4x^2 - 5y)$ h) $(4x^2 + 3y - x) + 2x^2 - (-5y - 7x^2)$

i) $0 - (-5r^3 + st) + (-st - r^3)$ j) $x^2 - (y^2 + z^2) + (y^2 + z^2) - x^2$

k) $a^2 - (2a^2 + b^2) - 2b^2$ l) $(a - b) - (a + b) - (a + b) - (a + b)$

12. Vereinfache die Terme!

a) $4 \cdot 0{,}6a$ b) $5x \cdot 3xy$ c) $2a \cdot (-6ab)$ d) $-4ab^2 \cdot \frac{1}{2}a^2b \cdot (-b)$

e) $2{,}5x \cdot (-x^2) \cdot (10xy)$ f) $-x \cdot (-2x) \cdot (-3x) \cdot 0 \cdot x$ g) $4a : 2$ h) $a^2b : a$

i) $8y^2 : (-4y)$ j) $24aby^2 \cdot \frac{1}{12by}$ k) $r^3s^2t : (-rst)$ l) $-14x^2y : (7xy^2)$

13. Vereinfache die Terme weitgehend!

a) $-4a \cdot 5ab + 7a^2 \cdot (-b)$ b) $-20x^2y \cdot 0{,}1y - 3x \cdot (-0{,}4xy^2)$

c) $2ab \cdot 3a^2c^2 \cdot 4ab^2c^3 - 5a^4b^3c^5$ d) $(3a)^2 - 2 \cdot 3 \cdot \frac{1}{3}b + (\frac{1}{3}b)^2$

e) $(x^2y)^2 - (xy^2)^2$ f) $(12a)^2 - (0{,}7b)^2 - 44a^2 + 0{,}01b^2$

14. Forme die Produkte in Summen um! Vereinfache! Nutze auch die binomischen Formeln!

a) $5 \cdot (-3 + 14)$ b) $(7 - 12)(7 + 12)$

c) $2a \cdot (2{,}6p + 5{,}4q)$ d) $(2x + 3y)(12x - 4y)$

e) $(x + y)(x + y)$ f) $(2a + 3b)^2$

g) $(2a - 3b)^2$ h) $(2a + 3b)(2a - 3b)$

i) $(5m - 7n)(5m + 7n)$ j) $(5m + 7n)(7m + 5n)$

15. Welcher Term stellt für $a = -0{,}5$ und $b = 0{,}5$ die kleinere rationale Zahl dar?

a) $4{,}5a + 0{,}5 \cdot (1{,}8b - 2{,}4a) - 0{,}4b$ b) $12a + 9b - (5a - 3b)$

16. Dividiere! Kürze, wenn möglich! ($a, b, x, y \neq 0$; $x \neq y$; $m \neq 0$; $m \neq -0{,}6n$)

a) $(49ab^2 - 35a^2) : (5a)$ b) $(x^3 + x^2 + x) : x$ c) $\frac{8ac + 4ad}{2a}$

d) $(27b + 9bc - 24ab^2c) : (-3b)$ e) $\frac{16a^2c - 4a}{8a}$ f) $\frac{x^2 - 2xy + y^2}{x - y}$

g) $(28x^3 - 42y^2) : (-7x)$ h) $(m + n) : \pi$ i) $\frac{25m^2 - 9n^2}{5m + 3n}$

17. Vereinfache die Terme so weit wie möglich!

a) $0{,}5a^2(4ab + 2{,}5a - 10b) - a^2b$ b) $(3a - 2b)(4ab - ab + 2b)$

c) $(8x - 4y)(3y + 2x) + (5x - 4y) \cdot 2x$ d) $(2p + q)(z - 2q) - (2p + q) \cdot z$

e) $(x + y)(x - y) - (x^2 - y^2)$ f) $(x - y)(x + y) + (x - y)^2$

g) $(x + y)(x + y) - (x + y)^2$ h) $(x - y)^2 - (x^2 - y^2)$

18. Berechne den Wert des Terms für $a = \frac{1}{3}$ und $b = \frac{2}{3}$ möglichst rationell ohne Taschenrechner!
$9a^2 - (8a - 24b) \cdot 0{,}5a + (2a - 3b)^2$

19. Berechne die Werte der Terme für $a = \frac{1}{13}$, $b = \frac{1}{2}$ und $c = \frac{1}{3}$ möglichst rationell!

a) $13a^2b - 26a^2b^2 + 39ab^2$ b) $\frac{ab - ac}{13(b - c)}$ c) $(12c + 8) : (-2 - 3c)$

20. Schreibe die Summen als Produkte! Wende auch die binomischen Formeln an!

a) $x^2 + 2xy + y^2$ b) $4a^2 - 8ab + 4b^2$ c) $144r^2 - 49s^2$ d) $4ab^2 - 144a^2b^2 + 36a^2b^2$

21. Gegeben ist der Term $T = \frac{3n + 3}{5n - 5}$.

a) Berechne den Wert des Terms für $n = 3$! b) Berechne den Wert des Terms für $n = -3$!

c) Welchen Wert darf n nicht annehmen? *d) Für welche Werte $n \in \mathbb{Z}$ ist T positiv?

***22.** Gib alle rationalen Zahlen r an, für die der Term $T = \frac{6r + 6}{r}$ negativ wird!

23. Lies x, y und z ab! Berechne den Wert des Terms $T = 0{,}5x + 2y + z^2$!

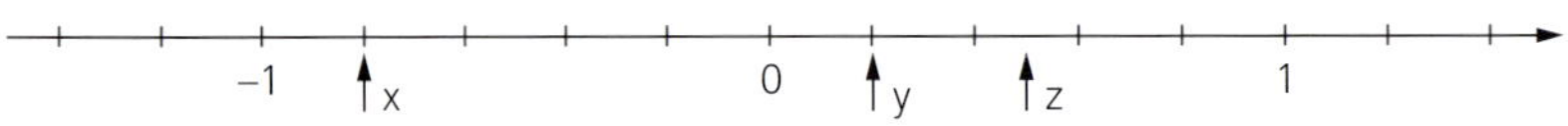

24. In welchem Fall wurde falsch umgeformt? Korrigiere!

a) $a + 4 = 4a$ b) $4(b - 3) = 4b - 12$ c) $c(c - 2) = c^2 - 2$

d) $d - (1 - d) = 2d - 1$ e) $\frac{e + 6}{3} = \frac{e}{3} + 2$ f) $f^2 - 1 = (f - 1) \cdot (f + 1)$

g) $(g + 5) \cdot (g + 5) = (g + 5)^2$ h) $(3h - 7)^2 = 9h^2 - 49$ i) $(-i + 8)^2 = i^2 - 16i + 64$

25. Stelle Terme auf und vereinfache sie weitgehend!

a) Zwei aufeinander folgende Zahlen multiplizieren und das Produkt durch 3 dividieren.

b) Gib die Länge des Streckenzuges mithilfe von a und b an!

c) Bestimme den Flächeninhalt des Trapezes unter Verwendung der Seiten!

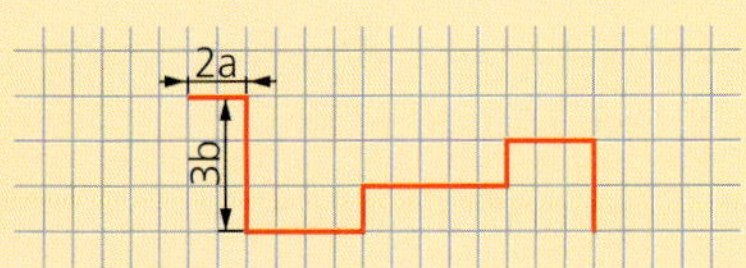

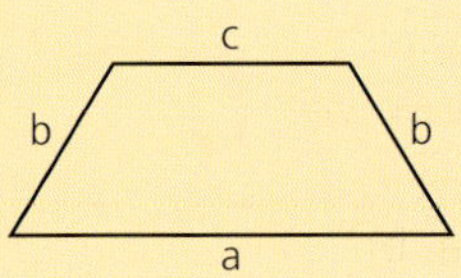

26. In den nebenstehend abgebildeten Zylinder wurde eine kegelförmige Vertiefung gebohrt.
Berechne das Volumen des „Restkörpers" unter der Bedingung, dass der Grundkreisradius r, die Zylinderhöhe h_z und die Kegelhöhe h_k gleich groß sind!

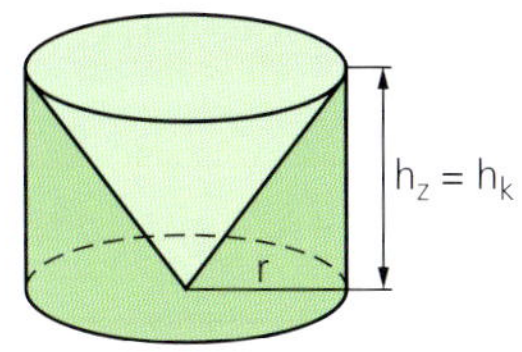

27. a) Gib den Umfang des nebenstehenden Werkstückes mit einem möglichst einfachen Term an!
b) Gib den Flächeninhalt des nebenstehenden Werkstückes mit einem möglichst einfachen Term an!
c) Berechne dann die beiden Größen für $a = 5$ mm und $b = 3$ mm!

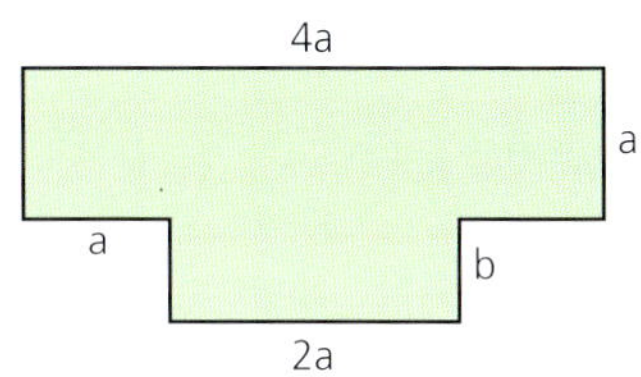

3.2 Potenzen und Potenzgesetze

Eine **Potenz** mit einer **natürlichen** Zahl n ($n \geq 2$) als Exponent ist eine Schreibweise für ein Produkt aus n gleichen Faktoren.

$a^n = a \cdot a \cdot a \cdot \ldots \cdot a = c$ mit $a \in \mathbb{R}$; $n \in \mathbb{N}$; $n \geq 2$ a… Basis n … Exponent c … Potenzwert

Um mit Potenzen mit beliebigen **ganzzahligen** Exponenten rechnen zu können, wird definiert:

$a^1 = a$; $a^0 = 1$; $a^{-n} = \frac{1}{a^n}$; $a \in \mathbb{R}, a \neq 0, n \in \mathbb{N}$

Zehnerpotenzen:	10^k;	$k \in \mathbb{Z}$	Beispiel:	$10^5 = 100\,000$
Quadratzahlen:	n^2;	$n \in \mathbb{N}$	Beispiel:	$15^2 = 225$
Kubikzahlen:	n^3;	$n \in N$	Beispiel:	$11^3 = 1331$

Potenzgesetze

Potenzen mit *gleicher* Basis und *gleichem* Exponenten können zusammengefasst werden.

$r \cdot a^k + s \cdot a^k = (r + s) \cdot a^k$ mit $a, r, s \in \mathbb{R}$; $a \neq 0$; $k \in \mathbb{Z}$

Potenzen mit *gleicher Basis* werden multipliziert bzw. dividiert, indem man die *Exponenten* addiert bzw. subtrahiert.

$a^m \cdot a^n = a^{m+n}$ $\frac{a^m}{a^n} = a^m : a^n = a^{m-n}$ $a \in \mathbb{R}$; $a \neq 0$; $m, n \in \mathbb{Z}$

Potenzen mit *gleichem Exponenten* werden multipliziert bzw. dividiert, indem man die *Basen* multipliziert bzw. dividiert.

$a^m \cdot b^m = (a \cdot b)^m$ $\frac{a^m}{b^m} = (\frac{a}{b})^m$ $a, b \in \mathbb{R}$; $a, b \neq 0$; $m \in \mathbb{Z}$

Ein Produkt oder ein Bruch wird potenziert, indem man die Faktoren bzw. Zähler und Nenner potenziert.

$(a \cdot b)^m = a^m \cdot b^m$	$(\frac{a}{b})^m = \frac{a^m}{b^m}$	$a, b \in \mathbb{R};\ a, b \neq 0,\ m \in \mathbb{Z}$

Eine Potenz wird potenziert, indem man die Exponenten multipliziert.

$(a^m)^n = a^{m \cdot n}$	$a \in \mathbb{R};\ a \neq 0;\ m, n \in \mathbb{Z}$

Jede reelle Zahl z kann in **Exponentenschreibweise** mit abgetrennten Zehnerpotenzen dargestellt werden.

$z = a \cdot 10^k$	$1 \leq a < 10;\ a \in \mathbb{R};\ k \in \mathbb{Z}$

Quadratwurzel

Eine **Potenz** mit einer **natürlichen** Zahl n (n = 2) als Exponent ist eine Schreibweise für ein Produkt aus zwei gleichen Faktoren.

a ist die **Quadratwurzel** aus b, wenn $a^2 = b$ für $a, b \in \mathbb{R};\ a, b \geq 0$; Schreibweise: $a = \sqrt{b}$

Kubikwurzel

Analog zur Definition der Quadratwurzel kann die Kubikwurzel einer Zahl definiert werden:

a ist die **Kubikwurzel** aus b, wenn $a^3 = b$. $a, b \in \mathbb{R};\ a, b > 0$ Schreibweise: $a = \sqrt[3]{b}$

Achtung, die Kubikwurzel aus einer negativen Zahl ist nicht definiert! Obwohl z.B. $(-2)^3 = -8$ und die Gleichung $x^3 = -8$ die Lösung $x = -2$ hat, ist $\sqrt[3]{-8}$ nicht erklärt. Einige Taschenrechner zeigen trotzdem bei dieser Aufgabe das Ergebnis –2 an.

Aufgaben

1. Schreibe als Potenz und berechne die Potenzwerte!

a) $10 \cdot 10 \cdot 10 \cdot 10 \cdot 10$ b) $4 \cdot 4 \cdot 4$ c) $0{,}5 \cdot 0{,}5 \cdot 0{,}5 \cdot 0{,}5$ d) $\frac{1}{4} \cdot \frac{1}{4}$

e) $(-3) \cdot (-3) \cdot (-3) \cdot (-3)$ f) $(-5) \cdot (-5) \cdot (-5)$ g) $\sqrt{3} \cdot \sqrt{3}$ h) $(-\frac{1}{10}) \cdot (-\frac{1}{10})$

2. Vereinfache!

a) $x \cdot x \cdot x \cdot x \cdot x$ b) $(-a) \cdot (-a) \cdot (-a)$ c) $\frac{1}{r} \cdot \frac{1}{r}$ d) $xy \cdot xy \cdot xy$ e) $(a + b)(a + b)$

3. Berechne die Potenzwerte!

a) 10^6 b) 2^7 c) $0{,}3^4$ d) $(-4)^3$ e) $(\frac{1}{2})^6$ f) $(\sqrt{3})^4$

4. Schreibe als Produkte gleicher Faktoren!

a) x^6 b) $(ab)^2$ c) $(-y)^5$ d) $(\frac{1}{r})^3$ e) $(a - b)^2$ f) $(m + n)^3$

5. Berechne! Schreibe dazu die Potenzen mit positiven Exponenten!

a) 10^{-3} b) 2^{-5} c) $0{,}1^{-4}$ d) $(-3)^{-3}$ e) $\frac{1}{7^{-2}}$ f) $(-1{,}2)^{-2}$

g) $\frac{10^0}{10^{-1}}$ h) $\frac{8^{-1}}{8^0}$ i) $\frac{2^{-3}}{3^{-2}}$ j) $5^0 + 5^{-1}$ k) $5^{-1} - 5^0$ l) $(\sqrt{5})^{-1}$

6. Schreibe als Potenz mit beliebiger Basis! Nutze verschiedene Basen!

a) 10000 b) 81 c) −27 d) 144 e) $\frac{1}{9}$ f) 0,008

g) 0,00001 h) $\frac{1}{64}$ i) $\frac{1}{8}$ j) $\frac{1}{1000}$ k) $-\frac{1}{4}$ l) 0,125

7. Schreibe ohne negativen Exponenten!

a) x^{-2} b) $(2a)^{-1}$ c) $(5x)^{-3}$ d) $(\frac{x}{y})^{-2}$ e) $\frac{a^{-3}}{b}$ f) $\frac{x^2}{y^{-3}}$

8. Berechne mit dem Taschenrechner! Nutze die Tasten $\boxed{y^x}$ bzw. $\boxed{x^y}$!

a) 4^7 b) 7^5 c) $0{,}6^6$ d) $(-17)^3$ e) 3^{12} f) $(-2{,}5)^4$

g) 2^{-12} h) $(-6)^{-4}$ i) $2{,}3^{-2}$ j) $(\frac{1}{3})^{-5}$ k) $(\sqrt{2})^{-1}$ l) $(-0{,}025)^{-10}$

9. Verwende eine Schreibweise, in der kein Bruchstrich mehr auftaucht!

a) $\frac{1}{x^4}$ b) $\frac{1}{a^h}$ c) $\frac{x}{y}$ d) $\frac{1}{25x^2}$ e) $\frac{x^{-2}}{y^3}$ *f) $\frac{1}{a+b}$

10. Marco behauptet: $(\frac{a}{b})^{-n} = (\frac{b}{a})^n$

a) Zeige, dass die Gleichung $(\frac{5}{4})^{-3} = (\frac{4}{5})^3$ gilt!

*b) Für welche a und b gilt die Behauptung nicht?

11. Fasse möglichst zusammen!

a) $3x^2 + 4x^2 - 5x^2$ b) $0{,}5a^3 - \frac{1}{4}a^3 + a^3$

c) $-m^4 + m^{-5} - 4m^{-5} + 5m^4$ d) $ab^2 + a^2b^2 + a^2b$

e) $3(x+y)^2 - 2(x+y)^2$ f) $2\sqrt{2} - 3\sqrt{2} + \sqrt{2}$

12. Multipliziere! Nutze die Potenzgesetze!

a) $10^3 \cdot 10^4$ b) $2^2 \cdot 2^3 \cdot 2^5$ c) $0{,}1^3 \cdot 0{,}1^4$ d) $12^2 \cdot 12^{-3}$

e) $(\frac{3}{4})^2 \cdot (\frac{3}{4})^{-2}$ f) $x^3 \cdot x^5$ g) $3^2 \cdot 3^x \cdot 3 \cdot 3^{4x}$ h) $10^r \cdot 10^{2r} \cdot 10^{-3r}$

i) $a^{2m} \cdot a$ *j) $a^{2k} \cdot a^{2k+1}$ k) $5^3 \cdot 5^{-3}$ l) $x^3 \cdot x^0$

13. Dividiere! Nutze die Potenzgesetze!

a) $10^7 : 10^3$ b) $3^4 : 3^3$ c) $(-5)^6 : (-5)^4$ d) $4^{-3} : 4^2$ e) $13^{-3} : 13^{-4}$

f) $d^4 : d^6$ g) $10^{3y} : 10^{2y}$ h) $7d^4 : d^3$ i) $x^r : x$ *j) $x^{2k+1} : x^{2k-1}$

14. Potenziere!

a) $(10^2)^4$ b) $(2^3)^2$ c) $(5\frac{a^2}{b})^3$ d) $(15^2)^{-1}$ e) $(0{,}2^{-3})^0$

f) $(x^3)^5$ g) $(5^r)^2$ h) $(10^x)^{-2}$ *i) $(10^2)^{x+1}$ *j) $(x^{2r})^r$

15. Schreibe die Zahlen als Produkte mit abgetrennten Zehnerpotenzen!

a) 23 000 b) 6 570 000 c) 360 000 000 d) 0,00187

e) 0,000 000 45 f) −1 000 000 g) 0,34 h) 0,101

16. Berechne bzw. vereinfache soweit wie möglich! Im Ergebnis soll keine Potenz mit negativem Exponenten auftreten!

a) $\frac{10^4 \cdot 10^{-2}}{(10^3)^2}$ b) $5^{-4} \cdot 2^{-4} \cdot (-1)^{-4}$ c) $(4d^{-2})^3$ d) $\frac{3xy^{-3}}{y^5}$ e) $(\frac{2}{3})^{-4}$

f) $(\frac{5}{2}x)^{-3}$ g) $(\frac{7x}{4y})^{-2}$ h) $(x+1)^{-2}$ *i) $\frac{x-1}{x^2-1}$ *j) $\frac{x+1}{x^2-1}$

17. Gib die folgenden Einheiten unter Verwendung von Zehnerpotenzen als Vielfache der Grundeinheiten an!

Beispiel: Kilovolt: $1\ kV = 10^3 \cdot 1\ V = 10^3\ V$

a) Kilometer b) Megavolt c) Milliampere d) Mikrofarad
e) Hektoliter f) Dezitonne g) Nanometer h) Gigahertz

18. Berechne die Terme unter Verwendung der abgetrennten Zehnerpotenzdarstellung! Überprüfe anschließend mit deinem Taschenrechner! Nutze die Tasten (EEX) bzw. (Exp)!

Beispiel: $24\,000\,000 \cdot 0{,}004 = 2{,}4 \cdot 10^7 \cdot 4 \cdot 10^{-3} = 9{,}6 \cdot 10^4 = 9\,600$ Vergl.: 9 600 (TR)

a) $0{,}004 \cdot 5000$ b) $60\,000 \cdot 0{,}0025$ c) $125\,000\,000\,000 \cdot 80\,000\,000$

d) $0{,}025 : 5000$ e) $8\,000\,000 : 0{,}0016$ f) $45 : 0{,}000\,15$

g) $\frac{8\,400\,000\,000}{21\,000 \cdot 200\,000}$ h) $\frac{12\,000\,000\,000 \cdot 30\,000\,000}{600\,000^2}$ *i) $(10^8 + 10^9)^2$

19. Löse die Gleichungen bzw. Ungleichungen für $x \in \mathbb{N};\ x > 0$!

a) $10^x = 10\,000$ b) $x^2 = 36$ c) $x^3 = 64$ d) $10^x = 0{,}001$ e) $2^x < 32$

f) $4 \cdot 10^x = 400$ g) $3^x = \frac{1}{9}$ h) $5^{-3} = \frac{1}{x}$ i) $-2^x = -8$ j) $\frac{1}{36} = 6^x$

k) $8^x < 64$ l) $6^x \leq 216$ m) $x^x \leq 27$ n) $10^x = 1$ o) $x^{-1} = \frac{1}{x}$

20. Berechne mit deinem Taschenrechner! Runde das Ergebnis auf Tausendstel!

a) $\sqrt{10}$ b) $\sqrt{20}$ c) $\sqrt{5}$ d) $\sqrt{50}$ e) $\sqrt{120}$ f) $\sqrt{13^2 + 15^2}$

g) $\frac{1}{\sqrt{0{,}4}}$ h) $\sqrt{0{,}5 \cdot 1{,}7}$ i) $\sqrt{-225}$ j) $\sqrt{1{,}7 \cdot 10^5}$ k) $\sqrt{2{,}8 \cdot 10^{-4}}$ l) $\sqrt{(-2{,}8)^2}$

21. Berechne mit dem Taschenrechner! Runde auf drei Dezimalstellen!

a) $2 \cdot \sqrt{3} - 4 \cdot \sqrt{7} + 8 \cdot \sqrt{11}$ b) $21 \cdot \sqrt{15} - 3 \cdot \sqrt{2{,}5} \cdot \sqrt{1{,}5}$

c) $(\sqrt{3{,}2 \cdot 1{,}8} - \sqrt{5}) \cdot (\sqrt{0{,}2} + \sqrt{72{,}9})$ d) $1{,}2 \cdot \sqrt{27} + 3 \cdot \sqrt{2{,}5^2} \cdot \sqrt{14{,}8}$

22. Berechne mit dem Taschenrechner! Schreibe mit abgetrennten Zehnerpotenzen!

a) $(2{,}9 \cdot 10^{-2})^3$ b) $(6{,}6 \cdot 10^{-5})^{-2}$ c) $(7{,}2 \cdot 10^4)^{-3}$ d) $(\sqrt{11{,}3} \cdot 10^{-7})^{-1}$

e) $\frac{(4 \cdot 10^{-2})^2 \cdot 1{,}21}{(11 \cdot 10^3)^3 \cdot 8}$ f) $\frac{13 \cdot 10^{-3}}{7 \cdot 10^2} \cdot 3 \cdot 10^4$ g) $\frac{7{,}2 \cdot 10^{-4} \cdot 3{,}6 \cdot 10^8}{2 \cdot 10^{10}}$ h) $\frac{\sqrt{6{,}3} \cdot 10^{-7}}{\sqrt{2{,}1} \cdot 10^{-5}}$

23. Berechne mit dem Taschenrechner! Runde das Ergebnis auf Tausendstel!

a) $\sqrt[3]{10}$ b) $\sqrt[3]{100}$ c) $\sqrt[3]{40}$ d) $\sqrt[3]{1900}$ e) $\sqrt[3]{0{,}5}$

f) $\sqrt[3]{27^2}$ g) $(\sqrt[3]{27})^2$ h) $\sqrt[3]{3^2 + 4^2 + 5^2}$ i) $\sqrt[3]{3{,}8 \cdot 10^9}$ j) $\sqrt[3]{-27}$

24. Stelle die Formeln nach den in Klammern geschriebenen Größen um!

a) $V = a^3$ (a) b) $s = \frac{a}{2}t^2$ (t) c) $V = \frac{4}{3}\pi r^3$ (r)

d) $a^2 + b^2 = c^2$ (b) e) $T = 2\pi \cdot \sqrt{\frac{l}{g}}$ (l) *f) $\frac{T_1^2}{r_1^3} = \frac{T_2^2}{r_2^3}$ (r_1)

3.3 Lineare Gleichungen und Ungleichungen

Um das Lösen von Gleichungen und Ungleichungen zu erleichtern, werden sie durch zielgerichtete Umformungen vereinfacht. Diese Umformungen dürfen nur so ausgeführt werden, dass sich die Lösungsmenge der Gleichungen bzw. Ungleichungen von Schritt zu Schritt nicht ändert.

Umformungsregeln für Gleichungen und Ungleichungen

Vertauschen der Seiten.

$$3 = x$$
$$x = 3$$

Addition bzw. Subtraktion des gleichen Terms auf beiden Seiten.

$$3x - y = 5 \quad |+y$$
$$3x = y + 5$$

Multiplikation bzw. Division beider Seiten mit bzw. durch den gleichen Term, wenn dieser nicht den Wert 0 annehmen kann.

$$\frac{3}{x} = -2 \quad |\cdot x,\ x \neq 0$$
$$3 = -2x \quad |:(-2)$$
$$-\frac{3}{2} = x$$

Bei Multiplikation bzw. Division beider Seiten einer Ungleichung mit negativen Werten wird das Relationszeichen umgekehrt.

$$-x \geq 15 \quad |:(-1)$$
$$x \leq 15$$

Quadrieren, Potenzieren und Radizieren sind keine äquivalenten Umformungen für Gleichungen und Ungleichungen. Es sind stets Proben erforderlich, um zu garantieren, dass die gefundenen Werte wirklich Lösungen sind bzw. dass keine weiteren Lösungen existieren.

$x + 7 = 8$ ist nicht äquivalent zu $(x + 7)^2 = 64$

$L = \{1\}$ | $L = \{1; -15\}$

$x^2 = 9$ ist nicht äquivalent zu $x = \sqrt{9}$

$L = \{3; -3\}$ | $L = \{3\}$

Schrittfolgen zum Lösen von linearen Gleichungen und Ungleichungen

Beim Lösen von linearen Gleichungen und Ungleichungen werden mithilfe äquivalenter Umformungen die Gleichungen und Ungleichungen so umgeformt, dass die Variable allein auf einer Seite steht.

Löse folgende Gleichung! $4x - (2 - 6x) = -2(3x - 5) + 14x$

Schrittfolge	Rechnung	
1. Klammern auflösen	$4x - 2 + 6x = -6x + 10 + 14x$	
2. Zusammenfassen	$10x - 2 = 8x + 10$	$\|-8x + 2$
3. Ordnen	$10x - 8x = 2 + 10$	
4. Isolieren	$2x = 12$	$\|:2$
5. Lösung	$x = 6$	
6. Probe	linke Seite: $4 \cdot 6 - (2 - 6 \cdot 6) = 58$ rechte Seite: $-2(3 \cdot 6 - 5) + 14 \cdot 6 = 58$ Vergleich: $58 = 58$ (wahre Aussage)	

Aufgaben

1. Löse folgende Gleichungen! Führe auch eine Probe durch!

a) $x - 3 + x + 3 = 20$
b) $-2 \cdot (x + 4) = 12$
c) $20x - 25 = 39 - 12x$
d) $5x - 12 - 3x = -2x$
e) $7x - 14 - x - 2 = 7x + 16 - 5x - 12$
f) $2(x + 1) = 1{,}5(2x + 3)$
g) $x - (3x - 2) + (5x + 1) = 3x - (x + 4) + 10$
h) $12x - 3(x + 15) = 2(x - 26)$
i) $-27 - 9(x + 5) = 0$
j) $(3x + 10)(8x - 30) = (2x + 5)(12x - 40)$

2. Welche ganzen Zahlen erfüllen die folgenden Ungleichungen? Veranschauliche die Lösungsmengen jeweils auf der Zahlengeraden! Löse die Aufgaben auch für natürliche Zahlen, und für rationale Zahlen!

a) $x - 7 < 3$
b) $-5x > -9$
c) $4x - 6 < 18$
d) $-2x > x + 3$
e) $1{,}5x + 4{,}5 < 12$
f) $-2x + 5 < 5x - 2$
g) $3(1 + x) + 3 > 12 - x$
h) $2x + 5 > 3x - (2{,}5 - x)$
i) $\frac{5}{4}x - 9 > \frac{4}{5}x$

3. Löse folgende Gleichungen! Führe auch eine Probe durch!

a) $\frac{x}{2} = \frac{1}{16}$
b) $\frac{4}{x} = \frac{12}{54}$
c) $x : 0{,}5 = 12 : 4{,}5$
d) $\frac{9}{12{,}6} = \frac{x}{8{,}4}$
e) $x + 1 = \frac{1}{5}$
f) $\frac{x}{4} + 9 = 12$
g) $-\frac{x}{3} + \frac{1}{3} = \frac{2}{3}$
h) $\frac{x + 4}{7} = \frac{7}{8}$
i) $\frac{x - 2}{4} = \frac{x - 3}{2}$
j) $\frac{2}{x + 3} = \frac{1}{3}$
k) $\frac{4}{x - 5} = \frac{6}{x - 6}$
l) $(4x^2 + 8) : (x + 2) = 4x - 4$

4. Löse folgende Ungleichungen! Führe eine Probe durch! Gib die Lösungsmengen im Bereich der natürlichen und im Bereich der reellen Zahlen an! Stelle die Lösungsmengen auf einem Zahlenstrahl bzw. auf einer Zahlengeraden dar!

a) $3 - 2x \geq 3x - 22$
b) $\frac{3 \cdot (5x - 8)}{2} < 5x + 2$
*c) $x \cdot x - 1 > x$

5. Stelle folgende Formeln nacheinander nach allen darin auftretenden Größen um! Gib die Bedeutung der Formelzeichen an! Interpretiere die Aussagen der Formeln!

a) $A = \frac{1}{2}ab$
b) $u = 2(a + b)$
c) $V = \frac{1}{3}a^2h$
d) $c^2 = a^2 + b^2$
e) $A_O = 2(ab + ac + bc)$
f) $V = m \cdot \rho$
g) $Q = m \cdot c \cdot (T_2 - T_1)$
h) $R = \frac{U}{I}$
i) $V = \frac{4}{3}\pi r^3$
j) $\frac{\sin\alpha}{a} = \frac{\sin\beta}{b}$
k) $a^2 = b^2 + c^2 - 2bc \cdot \cos\alpha$
l) $A = \frac{\pi \cdot \alpha}{360°} \cdot r^2$
m) $V = \frac{a^2}{4}h\sqrt{3}$
n) $T = 2\pi \cdot \sqrt{\frac{l}{g}}$
o) $F = \gamma \cdot \frac{m_1 \cdot m_2}{r^2}$
p) $\frac{U_1}{U_2} = \frac{n_1}{n_2}$
q) $v = \frac{s}{t}$
r) $s = \frac{a}{2} \cdot t^2$

6. Stelle die Gleichungen nach der Variablen x um (a; b und c sind reelle Zahlen)! Gib Bedingungen für a; b und c an, damit die umgestellten Gleichungen Terme enthalten, die definiert sind!

a) $x + a = 1000$
b) $10 - x = b$
c) $8 - x + b = 0$
d) $b + \frac{1}{3}x = 11b$
e) $ax + ab = \frac{3}{2}ab$
f) $\frac{x}{a} - b = c$

3.4 Lineare Gleichungssysteme

Ein System aus zwei Gleichungen mit zwei Variablen kann **grafisch** gelöst werden. Dazu sind folgende Schritte erforderlich:

1. Beide Gleichungen werden als Funktionsgleichungen aufgefasst und nach y umgestellt.
2. Beide Funktionen werden in einem Koordinatensystem dargestellt.
3. Die Koordinaten des Schnittpunktes der beiden Geraden werden abgelesen. Sie sind Lösung des Gleichungssystems.
4. Eine Probe dient zur Kontrolle.
   Probe: I: $2 \cdot 3{,}5 + 1 = 8$ (wahre Aussage)
   II: $2 \cdot 3{,}5 - 4 = 3$ (wahre Aussage)

	Gleichungssysteme	Funktionsgleichungen
I	$2y + x = 8$	$y = -\frac{1}{2}x + 4$
II	$2y - 4 = 3x$	$y = \frac{3}{2}x + 2$

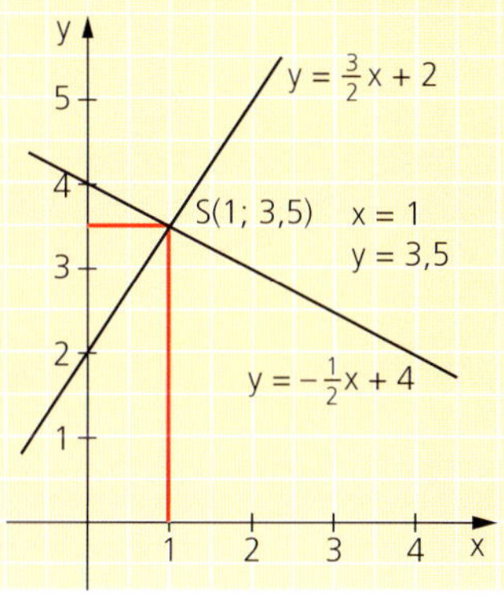

Allen rechnerischen Verfahren ist gemeinsam, dass versucht wird, durch Beseitigen einer der beiden Variablen das System aus zwei Gleichungen mit zwei Variablen auf eine Gleichung mit einer zurückzuführen.

Beim **Einsetzungsverfahren** löst man eine der beiden Gleichungen nach einer der beiden Variablen auf und setzt den so erhaltenen Term für diese Variable in die andere Gleichung ein.

Das Einsetzungsverfahren ist dann vorteilhaft, wenn eine der beiden Gleichungen schon nach einer der beiden Variablen aufgelöst ist.

Löse das nebenstehende Gleichungssystem mit dem Einsetzungsverfahren!

I: $y = -x + 2$
II: $4x + 3y = 2$

Wert der ersten Variablen (durch Einsetzen der Gleichung I in die Gleichung II) berechnen:

$4x + 3(-x + 2) = 2$ | Klammern auflösen
$4x - 3x + 6 = 2$ | zusammenfassen und ordnen
$x = -4$

Wert der zweiten Variablen (durch Einsetzen des Wertes für x in die Gleichung I) berechnen:

$y = -(-4) + 2; \quad y = 6$

Probe: I: $6 = -(-4) + 2$ (wahre Aussage)
II: $4 \cdot (-4) + 3 \cdot 6 = -16 + 18$ (wahre Aussage)

Die Lösungsmenge ist $L = \{(-4; 6)\}$.

Das Gleichsetzungsverfahren ist ein Spezialfall des Einsetzungsverfahrens. Man löst beide Gleichungen nach derselben Variablen auf und setzt die erhaltenen Terme gleich.

Beim **Additionsverfahren** formt man eine oder beide Gleichungen so um, dass bei der Addition der beiden Gleichungen eine der beiden Variablen wegfällt.

Das Additionsverfahren ist immer dann zweckmäßig, wenn die Koeffizienten einer Variablen in beiden Gleichungen zu einander entgegengesetzte Zahlen sind.

Löse das nebenstehende Gleichungssystem mit dem Additionsverfahren!

I: $8x + 5y = 51$
II: $3x - 5y = 26$

Wert der ersten Variablen (durch Addieren beider Gleichungen) berechnen:

$$11x = 77 \quad |:11$$
$$x = 7$$

Wert der zweiten Variablen (durch Einsetzen des Wertes für x in die Gleichung I) berechnen:

$$8 \cdot 7 + 5y = 51$$
$$56 + 5y = 51 \quad | \text{ Ordnen}$$
$$y = -1$$

Probe: I: $8 \cdot 7 + 5 \cdot (-1) = 56 - 5 = 51$ (wahre Aussage)
II: $3 \cdot 7 - 5 \cdot (-1) = 21 + 5 = 26$ (wahre Aussage)

Aufgaben

1. Löse die folgenden Gleichungssysteme rechnerisch! Führe auch eine Probe durch!

a) I: $y = 3x + 5$ II: $y = 4x$
b) I: $y = -\frac{1}{2}x + 5$ II: $2y + 3x = 6$
c) I: $4x - 3y = 7$ II: $24x + 3y = 11{,}5$
d) I: $5x + y = 0$ II: $16x + 4y = 8$
e) I: $2x + 5y = 9$ II: $5y = 11x + 48$
f) I: $2x + y = -8$ II: $3x + 2y = -16$
g) I: $4x + 2y = 20$ II: $x = -3y$
h) I: $2x + 3y = 20$ II: $7x - 3y = 15$
i) I: $y = 3x - 1$ II: $y = -2x + 4$
j) I: $2x = y - 3$ II: $x + 1 = y$
k) I: $12x + 9y = 87$ II: $3x - 4y = 3$
l) I: $33x + 15y = 177$ II: $13x + 15y = 97$

2. Berechne die Koordinaten der Schnittpunkte der Graphen folgender linearer Funktionen! Kontrolliere zeichnerisch!

a) $y = -x + 3$; $y - 1 = x$
b) $x + y = 10$; $-2x + y = -4$
c) $y = 3x - 2$; $y - x = 6$
d) $y - 7 = -1{,}5x$; $y = 2x$
e) $y + 4x = 4$; $y = x - 6$
f) $y = 10 - 5x$; $y = 5x - 10$
g) $y = -\frac{4}{3}x$; $y = -\frac{1}{2}x$
h) $3x - 2y = 12$; $-3x + 2y = -12$

3. Gib zur Gleichung $y - 2x = 3$ eine weitere Gleichung an! Das Gleichungssystem hat:

a) genau eine Lösung b) unendlich viele Lösungen c) keine Lösung

4. Prüfe, ob das angegebene Zahlenpaar Lösung des vorgegebenen Gleichungssystems ist!

a) $x + y = 5$; $y - x = 10$ $(-2{,}5;\ 7{,}5)$
b) $2y - x = 3$; $4y + 7x = -6$ $(0;\ 1{,}5)$
c) $5x - 2y = 10$; $x + 2y = 2$ $(2;\ 0)$

3.5 Quadratische Gleichungen

Lösen quadratischer Gleichungen durch inhaltliche Überlegungen

Versuche jede quadratische Gleichung zuerst inhaltlich zu lösen, z.B.
- durch Wurzelziehen,
- durch Umformen in eine Gleichung der Form $T_1 \cdot T_2 = 0$,
- durch direktes Anwenden einer binomischen Formel.

Man beachte dabei, dass eine quadratische Gleichung im Unterschied zu einer linearen Gleichung häufig zwei Lösungen haben kann.

Lösen mit der Lösungsformel

Die quadratische Gleichung $x^2 + px + q = 0$ hat die Lösungen

$x_{1;2} = -\frac{p}{2} \pm \sqrt{D}$; $D = \left(\frac{p}{2}\right)^2 - q$ (Diskriminante); Bedingung: $D \geq 0$

Schritte zum Lösen mit der Formel	Beispiel
1. Die Gleichung in die Normalform bringen.	$3x^2 + 6x - 24 = 0 \quad \vert :3$ $x^2 + 2x - 8 = 0$
2. Den Wert der Parameter p und q bestimmen.	$p = 2 \qquad q = -8$
3. Den Wert der Terme $-p$; $-\frac{p}{2}$ und $(\frac{p}{2})^2$ berechnen.	$-p = -2$; $-\frac{p}{2} = -1$; $(\frac{p}{2})^2 = 1^2 = 1$
4. Den Wert des Terms $D = (\frac{p}{2})^2 - q$ berechnen. Die Anwendbarkeit der Lösungsformel prüfen.	$D = (\frac{p}{2})^2 - q = 1 - (-8) = 9$ $D = 9 > 0$; zwei Lösungen
5. Die Lösungen mit der Lösungsformel berechnen.	$x_{1;2} = -\frac{p}{2} \pm \sqrt{D}$ $x_1 = -1 + \sqrt{9} = -1 + 3 = 2$ $x_2 = -1 - \sqrt{9} = -1 - 3 = -4$
6. Zur Kontrolle die Probe für x_1 und x_2 an der Ausgangsgleichung durchführen.	$3 \cdot 2^2 + 6 \cdot 2 - 24 = 12 + 12 - 24 = 0$ $3 \cdot (-4)^2 + 6 \cdot (-4) - 24 = 3 \cdot 16 - 24 - 24$ $= 48 - 48 = 0$

Aufgaben

1. Stelle jeweils in der allgemeinen Form einer quadratischen Gleichung dar!
a) $x(2x - 1) = 6x + 1$ b) $3x^2 + 5 = 7x^2 - x$ c) $\frac{x-1}{x} = 5 - 2x$ d) $\frac{1}{x^2} - \frac{1}{x} = 3$

2. Forme in die Normalform der quadratischen Gleichung um! Gib die Belegungen der Parameter p und q an! Berechne die Diskriminante!
a) $8 - x^2 = 2x$ b) $2x^2 + x = -x^2 + 1$ c) $x^2 = -x$ d) $1{,}5x^2 + 3x = 12$

3. Löse folgende Gleichungen im Kopf!
a) $x^2 = 144$ b) $x^2 = 1\,000\,000$ c) $x^2 = 0{,}16$ d) $x^2 = 0{,}01$ e) $x^2 = \frac{81}{4}$

4. Welche Zahlen erfüllen folgende quadratische Gleichungen?
a) $x^2 - 196 = 0$ b) $3x^2 = 108$ c) $x^2 + 20 = 4$ d) $\frac{1}{2}x^2 - 0{,}32 = 0$

5. Der Flächeninhalt eines Quadrates beträgt 600,25 cm^2. Wie lang ist eine Seite des Quadrates?

6. Gib die Lösungsmengen folgender Gleichungen an!
a) $2x^2 = 72$ b) $11x^2 = 11$ c) $4x^2 = 0$ d) $x^2 + \frac{1}{16} = 0$ e) $8x^2 = \frac{32}{9}$

7. Welche Zahlen erfüllen jeweils die folgenden Bedingungen?
a) Subtrahiert man 167 vom doppelten Quadrat einer Zahl, so erhält man 225.
b) Multipliziert man das Fünffache einer Zahl mit sich selbst, so erhält man 3025.
c) Addiert man zum dreifachen Quadrat einer natürlichen Zahl die Zahl 78, so erhält man 441.

8. Der Flächeninhalt eines rechtwinkligen Dreiecks beträgt 324 cm^2. Die eine Kathete ist doppelt so lang wie die andere Kathete. Wie lang sind die Katheten des Dreiecks?

9. Das Volumen eines quadratischen Prismas beträgt 225 cm^3. Wie lang ist die Grundkante des Prismas, wenn seine Höhe 9 cm beträgt?

10. Löse folgende Gleichungen durch inhaltliche Überlegungen!
a) $x(x + 9) = 0$ b) $2x(x - 3) = 0$ c) $x(3x - 12) = 0$ d) $(x - 5)(x + 4) = 0$

11. Löse folgende Gleichungen!
a) $x^2 - 17x = 0$ b) $x^2 + \frac{1}{2}x = 0$ c) $4x^2 - 8x = 0$ d) $-x^2 + 3x = 0$

12. Löse die folgenden Gleichungen!
a) $(x + 3{,}5)^2 = 1$ b) $2(x - 5) + 16 = 0$ c) $3(x + 1{,}5)^2 = 0$ d) $(x - 4)(x + 4) = 9$
e) $x^2 - 16x + 64 = 0$ f) $x^2 + 10x + 25 = 4$ g) $x^2 - x + \frac{1}{4} = \frac{3}{4}$ h) $x^2 + 3x + 2{,}25 = 6{,}25$

13. Löse folgende Gleichungen mithilfe der Lösungsformel!
a) $x^2 + 3x - 70 = 0$ b) $x^2 - 13x + 42 = 0$ c) $x^2 - 4x - 32 = 0$ d) $x^2 + 6x + 9 = 0$
e) $x^2 - 2x - 3 = 0$ f) $x^2 - 25x + 150 = 0$ g) $x^2 - 6x + 11 = 0$ h) $x^2 - \frac{3}{4}x + \frac{1}{8} = 0$

14. Löse folgende Gleichungen! Führe auch eine Probe durch!
a) $1x^2 - 9x - 22 = 0$ b) $x(x + 0{,}75) = 0$ c) $2x^2 - 4x = 70$ d) $5x^2 = 7{,}2$
e) $20x^2 + x + 10 = 0$ f) $3x^2 + 27 = 0$ g) $(x + 9)^2 = 0$ h) $6x^2 + 12x = 0$
i) $(x + 1)^2 = 16$ j) $x^2 - 8x + 15 = 0$ k) $4x^2 = -8x$ l) $4x^2 = -4$

15. Welche Zahlen erfüllen jeweils die folgenden Bedingungen?
a) Beim Multiplizieren von zwei aufeinander folgenden geraden Zahlen erhält man 1224.
b) Subtrahiert man vom Quadrat einer ganzen Zahl 112, so erhält man das Neunfache der Zahl.
c) Multipliziert man eine natürliche Zahl mit ihrem Nachfolger, so erhält man 4290.

16. Die Zahl 85 soll so in zwei Summanden zerlegt werden, dass ihr Produkt 1794 beträgt. Wie heißen die beiden Summanden?

17. Wird in einem Quadrat die eine Seite um 4 cm verkürzt und die benachbarte Seite um 5 cm verlängert, so entsteht ein Rechteck, dessen Flächeninhalt 252 cm^2 beträgt.
Welche Länge hatte die Seite des Quadrats?

18. Bei einem Kreis wird die Länge des Radius um 7 cm vergrößert. Der Flächeninhalt des dadurch entstandenen Kreises beträgt 408 cm^2.
Berechne die Länge des Radius des ursprünglichen Kreises!

4 Funktionen

4.1 Lineare Funktionen

Zeichnen von Graphen einer linearen Funktion

Mithilfe einer Wertetabelle können Graphen linearer Funktionen gezeichnet werden. Da der Graph eine Gerade ist, reicht es aus, die Koordinaten von zwei Punkten zu berechnen. Dabei sollten die Punkte auf dem Blatt nicht zu nahe beieinander liegen, da sonst Ungenauigkeiten auftreten.

Gleichung: $y = \frac{1}{3}x + 1$

Wertetabelle:

x	−3	3
y	0	2

Graph:

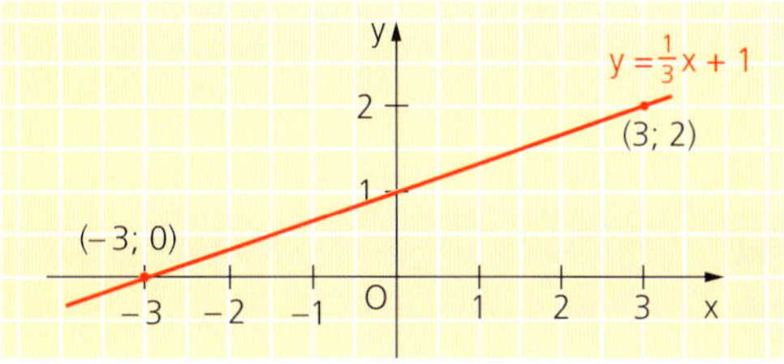

Auch das Zeichnen mithilfe des Steigungsdreiecks und des Schnittpunktes mit der y-Achse ist möglich.

Gleichung: $y = -\frac{3}{2}x - 1$

Schnittpunkt mit der y-Achse: P(0; −1)

Lösung:
Von diesem Punkt aus wird ein Steigungsdreieck (2 Einheiten nach rechts und 3 Einheiten nach unten) angetragen.

Kontrolle durch Punktprobe:

Q(−2; 2) $y = -\frac{3}{2}(-2) - 1 = 3 - 1 = 2$

$2 = 2$ (wahre Aussage)

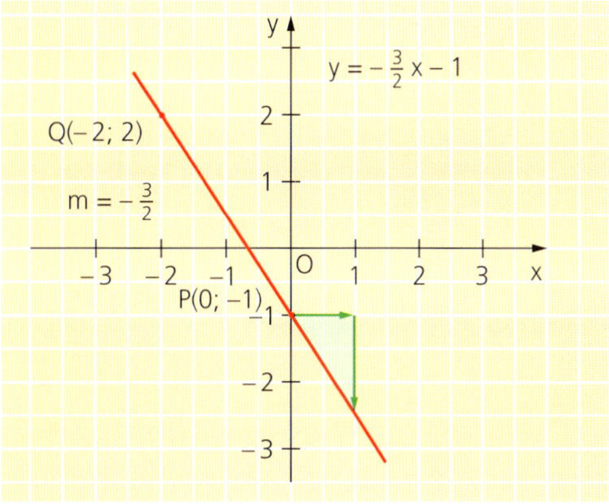

Nullstelle einer linearen Funktion

Die **Abszisse** des Schnittpunktes mit der x-Achse nennt man Nullstelle der Funktion.
Die Abszisse des Schnittpunktes eines Funktionsgraphen mit der x-Achse erhält man, indem man für y in die Funktionsgleichung die Zahl 0 einsetzt und dann nach x auflöst.

Ermittle die Nullstelle der Funktion mit $y = \frac{3}{2}x - 4$!

Lösung:

$0 = \frac{3}{2}x - 4 \quad | + 4$

$4 = \frac{3}{2}x \quad | : \frac{3}{2}$

$\frac{8}{3} = x$

Antwort: Die Nullstelle der Funktion ist $x = \frac{8}{3}$.

Ermitteln der Funktionsgleichung aus zwei Punkten des Graphen

Eine lineare Funktion ist durch zwei Punkte ihres Graphen eindeutig bestimmt. Sind also die Koordinaten zweier Punkte des Graphen bekannt, lässt sich die Funktionsgleichung mit der Lösung eines Gleichungssystems bestimmen.

Gesucht:
Funktionsgleichung

Gegeben:
$P_1(2; 5)$; $P_2(-2; -1)$ als Punkte des Graphen einer Funktion mit $y = mx + n$

Lösung:
$P_1(2; 5)$ in $y = mx + n$ eingesetzt liefert I: $5 = 2m + n$.
$P_2(-2; -1)$ in $y = mx + n$ eingesetzt liefert II: $-1 = -2m + n$

Man erhält ein Gleichungssystem, das die Lösung $n = 2$ und $m = \frac{3}{2}$ hat.

Somit heißt die Funktionsgleichung: $y = \frac{3}{2}x + 2$

Aufgaben

1. a) Zeichne den Graphen der linearen Funktion $y = 2x - 3$ in ein rechtwinkliges Koordinatensystem! Fertige dazu eine Wertetabelle mit sechs Wertepaaren an!
b) Beschreibe die Lage des Graphen!
c) Zeichne den Graphen einer weiteren linearen Funktion in dasselbe Koordinatensystem, indem du den Graphen der Funktion $y = 2x - 3$ um vier Einheiten in Richtung der y-Achse nach oben verschiebst!
Gib die Funktionsgleichung zum entsprechenden Graphen an!

2. Bestimme jeweils den Anstieg m und den Funktionswert y_0 für $x = 0$!
a) $y = 3x - 2$ b) $y = -x + 1$ c) $y = -\frac{1}{2}x - 1$ d) $y = \frac{2}{3}x + 3$

3. Gib die Funktionsgleichungen der Graphen an! Ermittle dazu deren Anstieg und ihren Schnittpunkt mit der y-Achse! Gib jeweils die Nullstellen an!

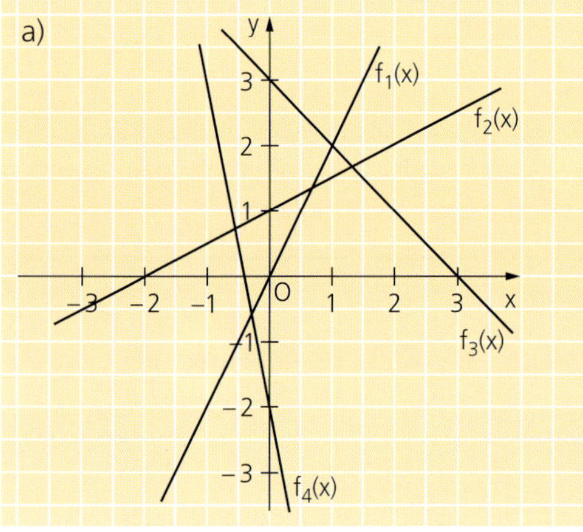

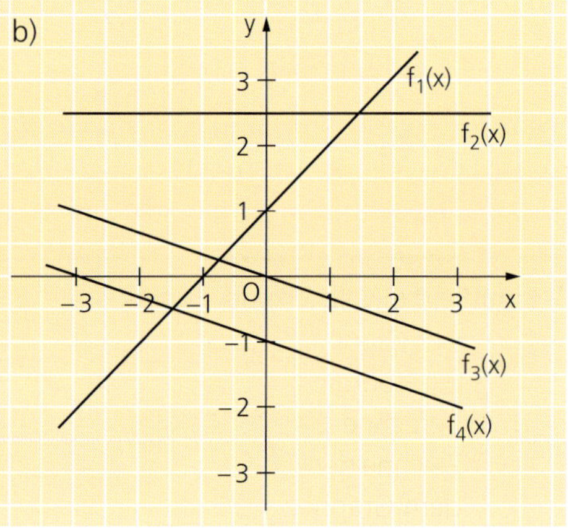

Lösungen

1 Zahlen und Größen

1.1 Brüche und Dezimalbrüche

Seite 5

1. a) $\frac{2}{6} = \frac{1}{3}$ b) $\frac{3}{10}$ c) $\frac{5}{3}$ d) $\frac{20}{10} = 2$

2. a) $\frac{1}{8}$ b) $\frac{5}{8}$ c) $\frac{1}{2}$ d) $\frac{5}{16}$

3. a) 36 b)

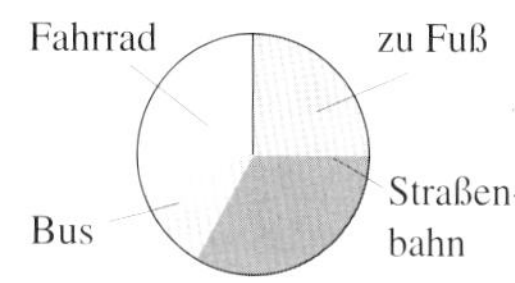

4. a) ja b) ja c) nein d) ja e) nein

5. a) 8 km; 5 h; 120 m^2; 31 kg; 2400 €; 1 t; 20 min
b) 90 €; 36 t; 375 km; 21 ct; 90 min; 750 cm^3; 540 g; 27000 km
c) 9 h; 15 m; 42 kg; 1950 €; 150 ha; 13500 km; 10,5 t; 351 ct
d) 4 km; 60 kg; 80 €; 90 ct; 2880 kg; 6 h

6. a) 40 € b) 150 m^2 c) 63 t d) 305 h e) 7,5 km f) 207 g g) 875 m h) 160 kg
i) 24 l j) 64 kg k) 112 cm l) 36 dm

Seite 6

7. a) 4,50 € b) 16 min c) 120 cm d) 18 t e) 157,5 kg f) 1008 m g) 220 ha h) 819 km

8. a) $\frac{1}{4}$ b) $\frac{1}{3}$ c) $\frac{1}{10}$ d) $\frac{1}{1000}$

9. a) 0,9 b) 0,03 c) 0,2 d) 0,5 e) 0,75 f) 0,875 g) 0,35 h) 0,16

10. a) $0,\overline{3}$ b) $0,\overline{2}$ c) 0,2 d) $33,\overline{3}$ e) $0,2\overline{6}$ f) 1,25 g) 0,1875 h) $0,\overline{54}$

11. a) $\frac{3}{10}$ b) $\frac{9}{200}$ c) $\frac{3}{2}$ d) $\frac{21}{100}$ e) $\frac{1}{3}$ f) $\frac{7}{8}$ g) $\frac{7}{1000}$ h) $\frac{1502}{25}$

12. a) 0,1 b) 0,2 c) 3,8 d) 0,1 e) 1,4 f) 0,4 g) 12,8 h) 3,6 i) 0,1 j) 1,0 k) 5,0 l) 100,0

13. a) 0,23 b) 0,16 c) 0,09 d) 0,05 e) 0,61 f) 0,70 g) 6,42 h) 10,40 i) 1,00 j) 7,90 k) 0,71 l) 5,45

14. a) 35 km b) 7 km c) 382 € d) 1633 € e) 1 kg f) 0 kg

15. a) 7,41; $7,\overline{4}$ b) 4,85; $4,\overline{8}$ c) 0,611; 0,614 d) 15,198; 15,1975
e) 0,0045; 0,0048 f) 1,004; 1,0015 g) 7,75; 7,84 h) 9423; 9378

16. a) $\frac{3}{4}$ b) $\frac{1}{2}$ c) $\frac{5}{4}$ d) $\frac{5}{3}$ e) $\frac{7}{10}$ f) $\frac{5}{6}$ g) $\frac{1}{2}$ h) $\frac{3}{4}$ i) $\frac{23}{30}$ j) $\frac{1}{6}$ k) $\frac{23}{100}$ l) $\frac{9}{4}$
m) $\frac{9}{4}$ n) $\frac{3}{4}$ o) $\frac{13}{4}$ p) $\frac{11}{4}$ q) $\frac{13}{10}$ r) $\frac{1}{6}$

17. a) $\frac{13}{10}$ b) $\frac{35}{96}$ c) $\frac{25}{49}$ d) $\frac{5}{12}$ e) $\frac{65}{48}$ f) $\frac{1}{40}$ g) 1 h) $\frac{25}{144}$ i) $\frac{17}{6}$ j) $\frac{19}{13}$ k) $\frac{5}{12}$ l) $\frac{32}{15}$

18. a) korrekt b) $\frac{7}{8}$ c) korrekt d) $\frac{57}{44}$

19. a) $x = \frac{1}{8}$ b) $x = 4$ c) $\frac{19}{8}$ d) $\frac{1}{9}$ e) $\frac{13}{18}$

Seite 7

20. a) 2 b) 1 c) 6,1 d) 1,1 e) $\frac{2}{9}$ f) $0,\overline{3}$ g) $\frac{5}{6}$ h) 13,05

1.2 Rationale Zahlen

Seite 8

1. a) A = –6; B = 2; C = –4,5; D = –1,5; E = –3,5; F = 3,5
b) G = –60; H = 70; I = –10; J = –95; K = 30; L = 95
c) M = –1,5; N = –2,25; O = –0,75; P = 0,5
d) Q = 7; R = –8; S = 2; T = –6

2. a) 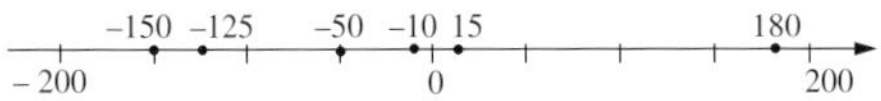

b) 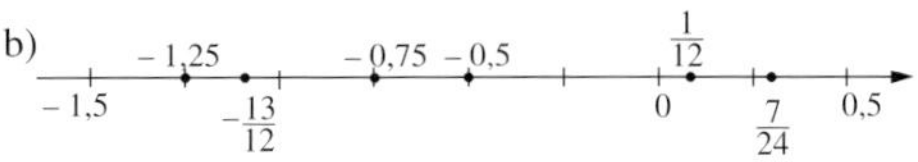

c) 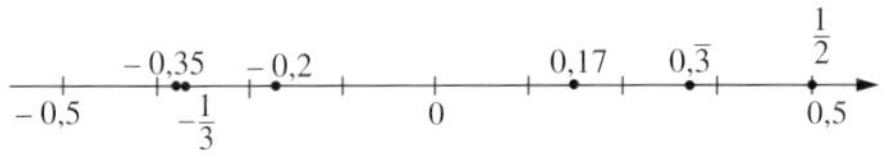

d) 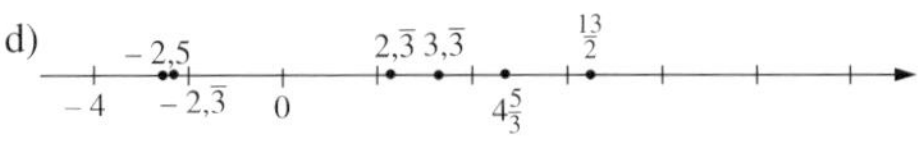

3. a) $-4 < 3$; $4 > -3$; $-4 < -3$; $|-4| > |-3|$ b) $-1{,}5 < -1$; $-1{,}5 > -10$; $-1{,}5 < 0$; $-1{,}5 < 1$
c) $10^2 > -10^3$; $-2^4 < (-2)^4$; $5^2 < 2^5$; $-3^3 = (-3)^3$ d) $-0{,}25 < \frac{1}{4}$; $\frac{1}{3} = 0{,}\overline{3}$; $|-\frac{1}{2}| = \frac{1}{2}$; $-\frac{3}{2} < -\frac{2}{3}$

4. z. B. a) -8; -5; $-4{,}1$ b) $-1{,}5$; 0; 2 c) $-2{,}8$; -2; $-1{,}\overline{3}$ d) $-\frac{2}{3}$; 0; $\frac{2}{3}$ e) $-5{,}8$; -1; $-4{,}\overline{3}$

5. $4\frac{3}{4}$; $\frac{14}{3}$; $4\frac{1}{3}$; 4,3; $4{,}\overline{03}$; $3{,}\overline{4}$; 3,44; $-\frac{3}{4}$; $-\frac{4}{3}$; $-4{,}30$; $-4{,}\overline{3} = -4\frac{1}{3}$

6. a) 3; 0; -12 b) -6; 0; 5 c) 0,5; $-3{,}8$; $-2{,}2$ d) $\frac{1}{4}$; $-\frac{5}{6}$; $-2{,}5$ e) $-\frac{3}{10}$; 0; 0,6

7. a) -9 b) -4 c) 3,0 d) 4

8. a) -65; -51; 144 b) -3; 77; 5,4 c) -2; $-4{,}5$; -4 d) 2; $-0{,}005$; 0,25 e) $-0{,}04$; -4; -48

Seite 9

9. a) $-33 - 16 = -49$ b) korrekt c) korrekt d) korrekt e) $-7{,}5 + 7{,}5 = 0$
f) korrekt g) $-36 - 16 = -52$ h) korrekt i) $-2^6 = -(-2)^6$

10. a) -23 b) 18 c) 20 d) $-0{,}8$ e) $-1{,}25$ f) $-\frac{2}{3}$

11. a) -27; $-7{,}9$; $-\frac{125}{24}$ b) 8; 149,5; $-2{,}75$ c) 37; -57; 100

12. a) $16 \cdot (-4) = -64$; korrekt; $-5{,}1 : (-1{,}7) = 3$ b) $-36 \cdot (-2) = 72$; korrekt; korrekt
c) korrekt; $-0{,}4 \cdot 0{,}2 = -0{,}008$; $-\frac{1}{4} : 2 = -\frac{1}{8}$

1.3 Arbeiten mit Größen

Seite 11

1. a) ha b) *l* c) $\frac{\text{km}}{\text{h}}$ d) kg e) s f) cm

2. a) cm b) dm^2 c) dt d) m e) g f) s g) m^2 h) cm i) dm^3

3. a) 34 kg; 250 km; 0,52 mg; 3,25 km b) 650 km; 40 g; $41\frac{2}{3}$ h; 15d c) 7 mm; 15 Jahre; $7\frac{1}{5}$ d; 6 min
d) 10 hl; 60 h; 0,2 ml; 12,5 km e) 1 m^2; 30 d; 10 h; 3,5 g

4. a) 4630 g; 950 cm; 50 h; 7000 m^2 b) 30 m; 34,35 hl; 1,23 dm^2; 2050 kg c) 0,075 g; 18 min; 0,006 km; 94000 ml
d) 0,8 m^2; 0,506 t; 125 m; 0,86 m^3 e) 750 g; 7,83 dm; 2000 cm^2; 300 s

Seite 12

5. a) 11,4 km; 3,2 t; 145 a; 1000 min b) 500 mg; 24 min; 7 cm; 3 cm^3 c) 8,7 m; 10 kg; 2,4 hl; 31 kg
d) 60 a; 53 m; 321 m; 700 *l* e) 500 dm^3; 400 m; 6 s; 125 mm^2

6. a) 3,05 m; 3 m 5 dm; 355 cm b) 2000 cm^2; 2000 m^2; 2020 m^2; 0,22 ha c) 441 kg; 1,14 t; 14,1 dt
d) $\frac{1}{2}$ km; 500, 04 m; 5004 dm e) 8,069 kg; 8609 g; 8 kg 690 g d) 1,5 hl; 1 hl 55 *l*; 1005 *l*

7. a) 15,96 m b) 15898,7 m c) 45,56 a d) 4 h 12 min e) 79,325 kg f) 305,25 g

8. a) korrekt b) 3765 kg = 37,65 dt c) 39 m^3 = 39000000 cm^3
d) 0,1 h = 6 min e) korrekt f) korrekt

9. a) Dichte; $\rho = 2\ \frac{\text{g}}{\text{cm}^3}$ b) Preis; 1 SMS-Nachricht kostet 16 ct
c) Verbrauch; Das Auto verbraucht 8 *l* Kraftstoff auf 100 km.

10. a) Tausendstel b) Zehntel c) Hundertstel d) Hundertstel
e) Hundertstel f) Zehntel g) Tausendstel h) Hundertstel

11. a) 2 b) 4 c) 3 d) 2 e) 1 f) 4 g) 5 h) 4 i) 5 j) 2 k) 4 l) 3

12. a) 80 b) 298 c) 0,09 d) 220 e) 380 f) 12200 g) 8,9 h) 10 i) 9,6

13. a) $2600\ cm^2$ b) $75\ m^2$ c) $890\ km^2$ d) $32{,}8\ m^3$ e) $2{,}6\ kg^2$ f) $5{,}7\ cm^2$

14. a) 14 kg b) 8,3 cm c) $11\ m^2$ d) 20 m e) 1,5 t f) 0,068 s g) 60 h) 400 i) 0,6

Seite 13

15. $\approx 62\ m^2$ **16.** ≈ 51 kg **17.** a) ≈ 910 t b) ≈ 18 t **18.** ≈ 16 kg

1.4 Direkte und umgekehrte Proportionalität

Seite 14

1. a) direkt proportional b) nicht proportional c) umgekehrt proportional d) direkt proportional
e) umgekehrt proportional f) direkt proportional g) umgekehrt proportional
h) umgekehrt proportional i) direkt proportional j) umgekehrt proportional

Seite 15

2. a) ja b) nein c) ja d) nein **3.** a) ja b) ja c) nein d) ja

4. a) 0,91 kg b) 6 km c) 18 cm d) 4,35 € e) 4,5 km f) 4 t g) 57 €

5. a) m = 117,9 g b) $V \approx 80{,}2\ cm^3$ c) $V \approx 93{,}9\ dm^3$ d) m = 72,312 kg **6.** 8,25 h

Seite 16

7. a) 15 h b) 18 h c) 15 min d) 2,75 h e) 4 Wochen f) 5,90 € **8.** a) 725 g b) ≈ 944 g

9. Pro Quadratmeter werden 50 Steine benötigt. Diese könnten beispielsweise 20 cm lang und 10 cm breit sein. Mit diesen Steinen könnte auch die größere Fläche ausgelegt werden. Dazu werden in einer Richtung jeweils 85 Steine und in der anderen Richtung jeweils 60 Steine aneinandergelegt. Für diesen Hof ergibt sich ein Bedarf von 5100 Steinen. Es müssen insgesamt 12 Paletten gekauft werden.

10. Anja muss für das Vorderteil 100 Maschen aufnehmen. **11.** Vollmilch: 7 g; fettarme Milch: 3 g

2 Prozent- und Zinsrechnung

Seite 18

1. a) 100 € b) 640 m c) 400 € d) 40 m e) 25 % f) 15,625 %
g) 250 % h) 20 € i) 22,5 g j) 200 € k) 40 g l) 2200 €

2. a) 40 % b) $33\frac{1}{3}$ % c) 60 % d) 20 %

3. a) 115 kg b) 20 ha c) 3273 *l* d) 0,14 t e) 0,812 t f) $11{,}8\ m^2$

4. a) 1920 € b) 2400 km c) 667 ha d) 600 *l* e) 547,50 € f) 750 ml

5. a) ≈ 42 % b) ≈ 23 % c) ≈ 52 % d) ≈ 247 % e) ≈ 1,7 % f) ≈ 6,3 %

6. a) Grit bekam mit 67 Stimmen die größte Stimmenzahl. Wenn die einfache Mehrheit reicht, dann wurde Grit zur Schülersprecherin gewählt.

b) 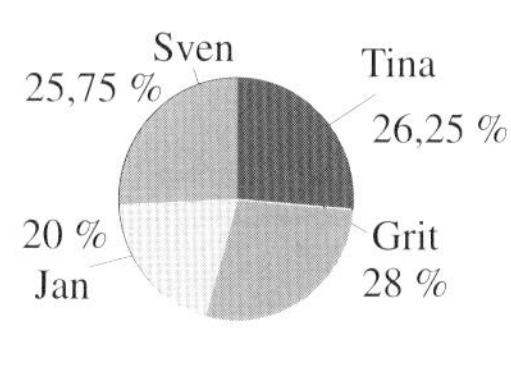

Seite 19

7. Der Preis ist auf 80 % gefallen. **8.** Das T-Shirt hat ursprünglich 15,29 € gekostet.

9. Der Stundenlohn betrug bisher 15,00 €.

10. 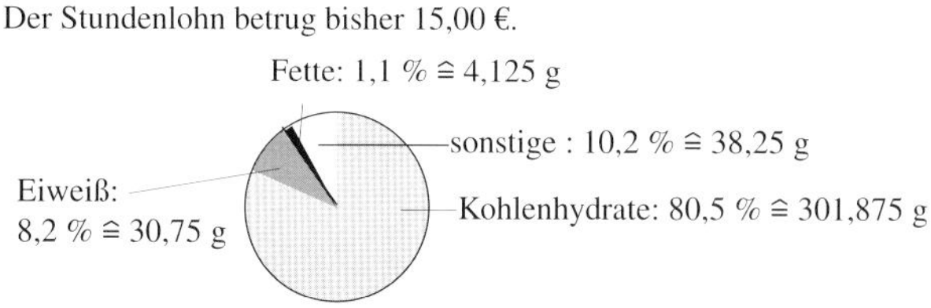

11. Das Gerät verteuert sich um rund 8,3 %.

12. Der Verbrauch konnte um rund 7,8 % gesenkt werden.

13. Frau Brahe hat rund 24,4 % Rabatt bekommen.

14. Frau Pfennig erhält 71 % vom Bruttolohn.

Seite 187

15. In diesem Jahr ist die Masse des verarbeiteten Altpapiers auf rund 106,6 % gestiegen.

16. a) vor der Einsparung: 300 hl; nach der Einsparung: 90 hl b) Der Verbrauch wurde um 70 % gesenkt.

17. a) 389,50 € b) 894,00 € c) 408,98 €

18. a) 417,60 € b) 1152 € c) rund 4,8 %

3 Terme, Gleichungen, Ungleichungen und Gleichungssysteme

3.1 Arbeiten mit Termen

Seite 22

1. a) $2a$ b) $4a - 7$ c) $a + 1; a \in \mathbb{N}$ d) a^2 e) $\frac{a}{2} + 2$ f) $-a$ g) $n + 2(n + 1)$

2. a) $\sqrt{a + b}$; $a + b \geq 0$; Quadratwurzel b) $2a - b$; Differenz c) $a - \sqrt{b}$; $b \geq 0$; Differenz
d) $3(a + b + a + 1 + b + 1)$; $a, b \in \mathbb{Z}$; Produkt e) $\frac{a + b}{3}$; Quotient

3. $m = \frac{60\,g}{n}$

4. $p = m \cdot 25\,€ + n \cdot 0{,}15\,€$

5. a) $9a$ b) $6(2x + 2y + z)$ c) $4(2a + h + s)$

6. a) individuelle Lösung b) $4a$; $4(a + 5\,cm)$ c) 20 cm d) $10\,cm \cdot a + 25\,cm^2$

7. a) $u = 7y + 5x$ b) $A = e^2(16 - \pi)$ c) $u = r(1{,}5\pi + 2)$

Seite 23

8.

	a)	b)	c)	d)	e)	f)	g)	h)	i)
Termstruktur	Summe	Produkt	Produkt	Quadratwurzel	Quotient	Quotient	Differenz	Quotient	Differenz
Teilterme	Produkt	Summe; Differenz	Quotient; Summe	Produkt	Produkt	Summen; Produkte	Quotienten	Differenz; Potenzen	Quotienten
Wert	$-3{,}2$	2,6	0,7	8	$-\frac{1}{2}$	$-\frac{2}{11}$	3,5	4	$\frac{7}{6}$

9.

x	-3	-2	-1	0	0,5	1	2
a)	-5	-3	-1	1	2	3	5
b)	8	3	0	-1	$-\frac{3}{4}$	0	3
c)	$-\frac{1}{3}$	$-\frac{1}{2}$	-1	n.d.	2	1	$\frac{1}{2}$
d)	20	9	2	-1	-1	0	5
e)	$-\frac{1}{2}$	0	$\frac{1}{2}$	1	$\frac{5}{4}$	$\frac{3}{2}$	2

x	-3	-2	-1	0	0,5	1	2
f)	$-3{,}9$	$-2{,}4$	$-1{,}1$	0	0,475	0,9	1,6
g)	0	1	4	9	$\frac{49}{4}$	16	25
h)	-3	-2	-1	n.d.	0,5	1	2
i)	4,5	2	0,5	0	0,125	0,5	2
j)	$-\frac{9}{4}$	$-\frac{4}{3}$	$-\frac{1}{2}$	0	$-\frac{1}{2}$	n.d.	4

10. a) $3y$ b) $-4x$ c) $3a + 4b$ d) $-11a - 14b$ e) $5{,}25a$
f) $-3x^2 + 7y$ g) $-7x^2 + y + 12x$ h) $0{,}3x^2 - 0{,}125y^2$ *i) $\frac{bc + 2ac + 3ab}{abc}$ *j) $\frac{-b}{a(a + b)}$

11. a) $5x - 5y$ b) $y - 5z$ c) 0 d) $29a - 3b$ e) $-22k - 3m$ f) $ab + 4c - 3d$
g) $-6x^2 - 3x - 4y$ h) $13x^2 - x + 8y$ i) $4r^3 - 2st$ j) 0 k) $-a^2 - 3b^2$ l) $-2a - 4b$

12. a) $2{,}4a$ b) $15x^2y$ c) $-12a^2b$ d) $2a^3b^4$ e) $-25x^4y$ f) 0
g) $2a$ h) ab i) $-2y$ j) $2ay$ k) $-r^2s$ l) $-2\frac{x}{y}$

13. a) $-27a^2b$ b) $-0{,}8x^2y^2$ c) $19a^4b^3c^5$ d) $9a^2 - 2b + \frac{1}{9}b^2$ e) $x^2y^2(x^2 - y^2)$ f) $100a^2 - 0{,}48b^2$

14. a) 55 b) -95 c) $5{,}2ap + 10{,}8\,aq$ d) $24x^2 + 28xy - 12y^2$ e) $x^2 + 2xy + y^2$
f) $4a^2 + 12ab + 9b^2$ g) $4a^2 - 12ab + 9b^2$ h) $4a^2 - 9b^2$ i) $25m^2 - 49n^2$ j) $35m^2 + 74mn + 35n^2$

15. Der Term a) stellt für $a = -0{,}5$ und $b = 0{,}5$ die kleinere rationale Zahl dar.

Seite 24

16. a) $9{,}8b^2 - 7a$ b) $x^2 + x + 1$ c) $4c + 2d$ d) $8abc - 9 - 3c$ e) $2ac - 0{,}5$ f) $x - y$
g) $6\frac{y^2}{x} - 4x^2$ h) $\frac{m+n}{\pi}$ i) $5m - 3n$

17. a) $2a^3b + 1{,}25a^3 - 6a^2b$ b) $9a^2b + 6ab - 6ab^2 - 4b^2$ c) $8xy - 12y^2 + 26x^2$ d) $-4pq - 2q^2$
e) 0 f) $2x^2 - 2xy$ g) 0 h) $-2xy + 2y^2$

18. $9a^2 + 9b^2 = 5$ **19.** a) $0{,}75$ b) $\frac{1}{169}$ c) -4

20. a) $(x+y)^2$ b) $(2a + 2b)(2a - 2b)$ c) $(12r + 7s)(12r - 7s)$ d) $4ab^2(1 - 27a)$

21. a) $T = 1{,}2$ b) $T = 0{,}3$ c) $n = 1$ *d) $n \in \mathbb{Z} \setminus \{0; -1\}$

***22.** $-1 < r < 0$ **23.** $T = 0{,}25$; $x = -0{,}8$; $y = 0{,}2$; $z = 0{,}5$

24. a) $a + 4 = 4 + a$ b) korrekt c) $c(c-2) = c^2 - 2c$ d) korrekt e) korrekt
f) korrekt g) korrekt h) $(3h - 7)^2 = 9h^2 - 42h + 49$ i) korrekt

25. a) $z(z + 1) : 3$ b) $7b + 14a$ c) $A = 0{,}5(a + c)\sqrt{b^2 - (\frac{a}{2} - \frac{c}{2})^2}$

Seite 25

26. $V = \frac{2}{3}\pi r^3$ **27.** a) $u = 2 \cdot (5a + b)$ b) $A = 2 \cdot (2a^2 + ab)$ c) $u = 56$ mm; $A = 130$ mm^2

3.2 Potenzen und Potenzgesetze

Seite 26

1. a) $10^5 = 100000$ b) $4^3 = 64$ c) $0{,}5^4 = 0{,}0625$ d) $(\frac{1}{4})^2 = \frac{1}{16}$
e) $(-3)^4 = 81$ f) $(-5)^3 = 125$ g) $\sqrt{3}^2 = 3$ h) $(-\frac{1}{10})^2 = \frac{1}{100}$

2. a) x^5 b) $(-a)^3$ c) $(\frac{1}{r})^2$ d) $(xy)^3$ e) $(a + b)^2$

3. a) 1000000 b) 128 c) $0{,}0081$ d) -64 e) $\frac{1}{64}$ f) 9

4. a) $x \cdot x \cdot x \cdot x \cdot x \cdot x$ b) $(ab) \cdot (ab)$ c) $(-y) \cdot (-y) \cdot (-y) \cdot (-y) \cdot (-y)$
d) $\frac{1}{r} \cdot \frac{1}{r} \cdot \frac{1}{r}$ e) $(a - b) \cdot (a - b)$ f) $(m + n) \cdot (m + n) \cdot (m + n)$

Seite 27

5. a) $(\frac{1}{10})^3 = 0{,}001$ b) $(\frac{1}{2})^5 = 0{,}03125$ c) $10^4 = 10000$ d) $(-\frac{1}{3})^3 = -0{,}\overline{037}$ e) $7^2 = 49$ f) $(-\frac{5}{6})^2 = -0{,}69\overline{4}$
g) $10^1 = 10$ h) $\frac{1}{8^1} = 0{,}125$ i) $\frac{3^2}{2^3} = 1{,}125$ j) $1 + \frac{1}{5} = 1{,}2$ k) $\frac{1}{5} - 1 = -0{,}8$ l) $\frac{1}{\sqrt{5}} \approx 0{,}447$

6. a) 10^4; 100^2; $(-10)^4$; $(-100)^2$ b) 3^4; 9^2; $(-3)^4$; $(-9)^2$ c) $(-3)^3$; $(-27)^1$ d) 12^2; $(-12)^2$
e) $(\frac{1}{3})^2$; $(-\frac{1}{3})^2$ f) $0{,}2^3$; 5^{-3} g) 10^{-5}; $(\frac{1}{10})^5$ h) $(\frac{1}{8})^2$
i) $(\frac{1}{2})^3$; 2^{-3} j) $(\frac{1}{10})^3$; 10^{-3} k) $(-\frac{1}{4})^1$; $(-4)^{-1}$ l) $(\frac{1}{2})^3$; 2^{-3}

7. a) $\frac{1}{x^2}$ b) $\frac{1}{2a}$ c) $\frac{1}{125x^3}$ d) $\frac{y^2}{x^2}$ e) $\frac{1}{a^3b}$ f) x^2y^3

8. a) 16384 b) 16807 c) $0{,}046656$ d) -4913 e) 531441 f) $39{,}0625$
g) $0{,}0002441$ h) $0{,}0007716$ i) $\approx 0{,}189$ j) 243 k) $\approx 0{,}707$ l) $1{,}04858 \cdot 10^{16}$

9. a) x^{-4} b) a^{-h} c) xy^{-1} d) $(5x)^{-2}$ e) y^3x^2 f) $(a + b)^{-1}$

10. a) $(\frac{5}{4})^{-3} = \frac{1}{\left(\frac{5}{4}\right)^3} = \frac{1}{\frac{5^3}{4^3}} = \frac{4^3}{5^3} = (\frac{4}{5})^3$ b) Die Behauptung gilt nicht für $a = 0$ oder $b = 0$.

11. a) $2x^2$ b) $1{,}25a^3$ c) $4m^4 - 3m^{-5}$ d) $ab(b + ab + a)$ e) $(x + y)^2$ f) 0

12. a) 10^7 b) 2^{10} c) 10^{-7} d) 12^{-1} e) 1 f) x^8 g) 3^{5x+3} h) 1 i) a^{2m+1} *j) a^{4k+1} k) $5^\circ = 1$ l) x^3

13. a) 10^4 b) 3 c) 25 d) 4^{-5} e) 13 f) d^{-2} g) 10^y h) $7d$ i) x^{r-1} *j) x^2

14. a) 10^8 b) 64 c) $125\frac{a^6}{b^3}$ d) $\frac{1}{225}$ e) 1 f) x^{15} g) 5^{2r} h) 10^{-2x} *i) 10^{2x+2} *j) $x^{2r \cdot r}$

15. a) $2{,}3 \cdot 10^4$ b) $6{,}57 \cdot 10^6$ c) $3{,}6 \cdot 10^8$ d) $1{,}87 \cdot 10^{-3}$ e) $4{,}5 \cdot 10^{-7}$ f) $-1 \cdot 10^6$ g) $3{,}4 \cdot 10^{-1}$ h) $1{,}01 \cdot 10^{-1}$

Seite 28

16. a) $(\frac{1}{10})^4$ b) $(\frac{1}{10})^4$ c) $\frac{4^3}{d^6}$ d) $\frac{3x}{y^8}$ e) $\frac{81}{16} = 5{,}0625$
f) $\frac{8}{125x^3} = 0{,}064 \cdot \frac{1}{x^3}$ g) $\frac{16y^2}{49x^2}$ h) $\frac{1}{(x+1)^2}$ *i) $\frac{1}{x+1}$ *j) $\frac{1}{x-1}$

17. a) 10^3 m b) 10^6 V c) 10^{-3} A d) 10^{-6} F e) 10^2 l f) 10^{-1} t g) 10^{-9} m h) 10^9 Hz

18. a) $4 \cdot 10^{-3} \cdot 5 \cdot 10^3 = 20$ b) $2{,}5 \cdot 10^{-3} \cdot 6 \cdot 10^4 = 150$ c) $1{,}25 \cdot 10^{11} \cdot 8 \cdot 10^7 = 10^{19}$
d) $2{,}5 \cdot 10^{-2} : (5 \cdot 10^3) = 5 \cdot 10^{-6}$ e) $8 \cdot 10^6 : (1{,}6 \cdot 10^{-3}) = 5 \cdot 10^9$ f) $4{,}5 \cdot 10^1 : (1{,}5 \cdot 10^{-4}) = 3 \cdot 10^5$
g) $\frac{8{,}4 \cdot 10^9}{2{,}1 \cdot 10^4 \cdot 2 \cdot 10^5} = 2$ h) $\frac{1{,}2 \cdot 10^{10} \cdot (3 \cdot 10^7)}{(6 \cdot 10^5)^2} = 1 \cdot 10^6$ *i) $(11 \cdot 10^8)^2 = 1{,}21 \cdot 10^{18}$

19. a) x = 4 b) x = 6 c) x = 4 d) L = { } e) L = {1; 2; 3; 4} f) x = 2 g) L = { } h) x = 125
i) x = 3 j) L = { } k) L = {1} l) L = {1; 2; 3} m) L = {1; 2; 3} n) L = { } o) $L = \mathbb{N} \setminus \{0\}$

20. a) 3,162 b) 4,472 c) 2,236 d) 7,071 e) 10,954 f) 19,849 g) 1,581 h) 0,922
i) nicht definiert j) 412,311 k) 0,017 l) 2,8

21. a) 19,414 b) 75,523 c) 1,473 d) 35,088

22. a) $2{,}4389 \cdot 10^{-5}$ b) $2{,}296 \cdot 10^8$ c) $2{,}679 \cdot 10^{-15}$ d) $2{,}975 \cdot 10^6$
e) $1{,}818 \cdot 10^{-16}$ f) $5{,}571 \cdot 10^{-1}$ g) $1{,}296 \cdot 10^{-5}$ h) $1{,}732 \cdot 10^{-2}$

23. a) 2,154 b) 4,642 c) 3,420 d) 12,386 e) 0,794 f) 9 g) 9 h) 3,684 i) 1560,491 j) n. d.

24. a) $a = \sqrt[3]{V}$ b) $t = \sqrt{\frac{2s}{a}}$ c) $r = \sqrt[3]{\frac{3V}{4\pi}}$ d) $b = \sqrt{c^2 - a^2}$ e) $l = \frac{gT^2}{4\pi^2}$ f) $r_1 = r_2 \cdot \sqrt[3]{\frac{T_1^2}{T_2^2}}$

3.3 Lineare Gleichungen und Ungleichungen

Seite 30

1. a) x = 10 b) x = – 10 c) x = 2 d) x = 3 e) x = 5 f) x = – 2,5 g) x = 3 h) x = – 1 i) x = – 8 j) x = 10

2.

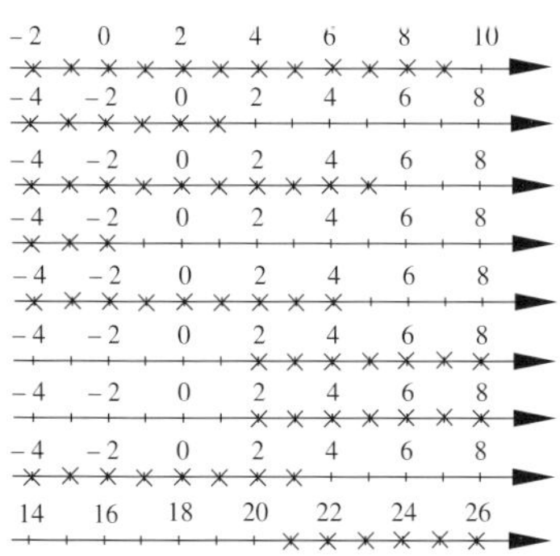

a) L = {0; 1; 2; 3; 4; 5; 6; 7; 8; 9}; $L = \{x \in \mathbb{Q}: x < 10\}$
b) L = {0; 1}; $L = \{x \in \mathbb{Q}: x < 1{,}8\}$
c) L = {0; 1; 2; 3; 4; 5}; $L = \{x \in \mathbb{Q}: x < 6\}$
d) L = { }; $L = \{x \in \mathbb{Q}: x < -1\}$
e) L = {0; 1; 2; 3; 4; }; $L = \{x \in \mathbb{Q}: x < 5\}$
f) $L = \mathbb{N} \setminus \{0; 1\}$; $L = \{x \in \mathbb{Q}: x > 1\}$
g) $L = \mathbb{N} \setminus \{0; 1\}$; $L = \{x \in \mathbb{Q}: x > 1{,}5\}$
h) L = {0; 1; 2; 3}; $L = \{x \in \mathbb{Q}: x < 3{,}75\}$
i) $L = \mathbb{N} \setminus \{0; 1; ...; 20\}$; $L = \{x \in \mathbb{Q}: x > 20\}$

3. a) x = 0,125 b) x = 18 c) $x = 1{,}\overline{3}$ d) x = 6 e) x = – 0,8 f) c = 12
g) x = – 1 h) x = 2,125 i) x = 4 j) x = 3 k) x = 3 l) x = 2

4.

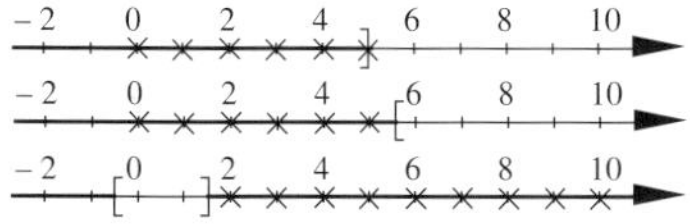

a) L = {0; 1; 2; 3; 4; 5}; $L = \{x \in \mathbb{R}: x \le 5\}$
b) L = {0; 1; 2; 3; 4; 5}; $L = \{x \in \mathbb{R}: x < 5{,}6\}$
*c) $L = \mathbb{N} \setminus \{0; 1\}$; $L = \{x \in \mathbb{R}: x > \frac{1+\sqrt{5}}{2}\} \cup \{x \in \mathbb{R}: x < \frac{1-\sqrt{5}}{2}\}$

5. a) $a = \frac{2A}{b}$; $b = \frac{2A}{a}$; A - Flächeninhalt; a, b - Katheten eines rechtwinkligen Dreiecks

b) $a = \frac{u}{2} - b$; $b = \frac{u}{2} - a$; u - Umfang; a, b Seiten eines Parallelogramms oder eines Drachenvierecks

c) $a = \sqrt{\frac{3V}{h}}$; $h = \frac{3V}{a^2}$; V - Volumen; a - Grundseite einer quadratischen Pyramide; h - Höhe einer quadratischen Pyramide

d) $a = \sqrt{c^2 - b^2}$; $b = \sqrt{c^2 - a^2}$; c - Länge der Hypotenuse eines rechtwinkligen Dreiecks; a, b - Katheten eines rechtwinkligen Dreiecks

e) $a = \frac{\frac{A_O}{2} - bc}{b + c}$; $b = \frac{\frac{A_O}{2} - ac}{a + c}$; $c = \frac{\frac{A_O}{2} - ab}{b + a}$; A_O - Oberflächeninhalt; a, b, c - Kantenlängen eines Quaders

f) $m = V \cdot \rho$; $\rho = \frac{m}{V}$; V - Volumen; m - Masse; ρ - Dichte

g) $m = \frac{Q}{c \cdot (T_2 - T_1)}$; $c = \frac{Q}{m \cdot (T_2 - T_1)}$; $T_2 = \frac{Q}{c \cdot m} + T_1$; $T_1 = T_2 - \frac{Q}{c \cdot m}$; Q - Wärme; m - Masse; c - Spezifische Wärmekapazität; T_1, T_2 - Temperaturen

h) $U = R \cdot I$; $I = \frac{U}{R}$; R - Ohmscher Widerstand; U - Spannung; I - Stromstärke

i) $a = \sqrt[3]{\frac{3V}{4\pi}}$; V - Volumen; a - Radius einer Kugel

j) $a = \frac{\sin\alpha \cdot b}{\sin\beta}$; $b = \frac{\sin\beta \cdot a}{\sin\alpha}$; $\alpha = \arcsin\frac{\sin\beta \cdot a}{b}$; $\beta = \arcsin\frac{\sin\alpha \cdot b}{a}$; a, b - Seiten eines Dreiecks; α, β - gegenüberliegende Winkel

k) $b_{1,2} = c \cdot \cos\alpha \pm \sqrt{c^2(\cos\alpha)^2 - c^2 + a^2}$; $c_{1,2} = b \cdot \cos\alpha \pm \sqrt{b^2(\cos\alpha)^2 - b^2 + a^2}$; $\alpha = \arccos(\frac{b^2 - a^2 + c^2}{2bc})$
a, b, c - Seiten eines Dreiecks; α - der von b und c eingeschlossene Winkel

l) $r = \sqrt{\frac{A \cdot 360°}{\pi \cdot \alpha}}$; $\alpha = \frac{A \cdot 360°}{\pi \cdot r^2}$; A - Flächeninhalt eines Kreissegments mit dem Radius r und dem Zentriwinkel α

m) $a = \sqrt{\frac{4 \cdot V}{\sqrt{3} \cdot h}}$; $h = \frac{4 \cdot V}{\sqrt{3} \cdot a^2}$; V - Volumen eines dreiseitigen regelmäßigen Prismas mit der Höhe h; a - Seitenlänge der Grundfläche

n) $l = \frac{T^2 \cdot g}{4 \cdot \pi^2}$; T - Schwingungsdauer eines Fadenpendels mit der Fadenlänge *l*

o) $m_1 = \frac{F \cdot r^2}{\gamma \cdot m_2}$; $m_2 = \frac{F \cdot r^2}{\gamma \cdot m_1}$; $r = \sqrt{\frac{\gamma \cdot m_1 \cdot m_2}{F}}$; F - Gravitationskraft, die zwischen zwei Massen m_1 und m_2 mit dem Abstand r wirkt

p) $U_1 = \frac{U_2 \cdot n_1}{n_2}$; $U_2 = \frac{U_1 \cdot n_2}{n_1}$; $n_1 = \frac{U_1 \cdot n_2}{U_2}$; $n_2 = \frac{U_2 \cdot n_1}{U_1}$;
U_1 - Spannung an der Primärspule mit der Windungszahl n_1 eines Transformators; U_2 - Spannung an der Sekundärspule mit der Windungszahl n_2 ($I_2 = 0$)

q) $s = v \cdot t$; $t = \frac{s}{v}$; s - Weg; t - Zeit; v - Geschwindigkeit einer gleichförmigen Bewegung

r) $t = \sqrt{\frac{2s}{a}}$; $\frac{2s}{t^2}$; s - Weg; t - Zeit; a - Beschleunigung einer gleichmäßig beschleunigten Bewegung

6.

	a)	b)	c)	d)	e)	f)
umgestellte Gleichung	$x = 1000 - a$	$x = 10 - b$	$x = 8 + b$	$x = 30b$	$x = 0{,}5b$	$x = a(b + c)$
Bedingungen für a, b, c	keine	keine	keine	keine	$a \neq 0$	$a \neq 0$

3.4 Lineare Gleichungssysteme

Seite 32

1. a) $x = 5$; $y = 20$ b) $x = -2$; $y = 6$ c) $x \approx 0{,}66$; $y \approx -1{,}45$ d) $x = -2$; $y = 10$
e) $x = -3$; $y = 3$ f) $x = 0$; $y = -8$ g) $x = 6$; $y = -2$ h) $x = 3{,}\overline{8}$; $y = 4{,}\overline{074}$
i) $x = 1$; $y = 2$ j) $x = -2$; $y = -1$ k) $x = 5$; $y = 3$ l) $x = 4$; $y = 3$

2.

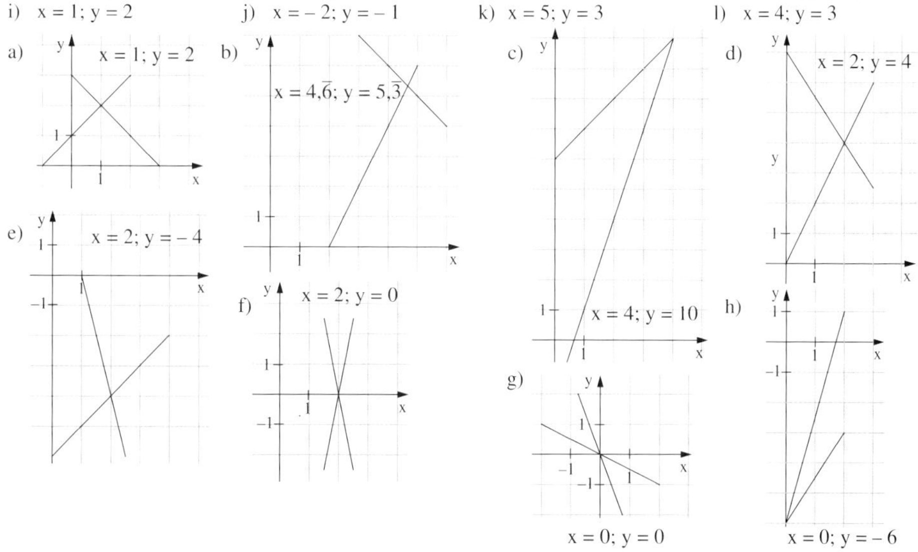

3. a) z.B. $y = x$ b) $y = 2x + 3$ c) $y = 2x$

4. a) ja b) nein c) ja

3.5 Quadratische Gleichungen

Seite 33

1. a) $2x^2 - 7x - 1 = 0$ b) $4x^2 - x - 5 = 0$ c) $2x^2 - 4x - 1 = 0$ d) $3x^2 + x - 1 = 0$

2. a) $x^2 + 2x - 8 = 0$; $p = 2$; $q = -8$; $D = 9$ b) $x^2 + \frac{1}{3}x - \frac{1}{3} = 0$; $p = \frac{1}{3}$; $q = -\frac{1}{3}$; $D = \frac{1}{6}\sqrt{13}$

c) $x^2 + x = 0$; $p = 1$; $q = 0$; $D = \frac{1}{2}$ d) $x^2 + 2x - 8 = 0$; $p = 2$; $q = 8$; $D = -7$

3. a) $L = \{-12; 12\}$ b) $L = \{-1000; 1000\}$ c) $L = \{-0{,}4; 0{,}4\}$ d) $L = \{-0{,}1; 0{,}1\}$ e) $L = \{-4{,}5; 4{,}5\}$

Seite 34

4. a) $L = \{-14; 14\}$ b) $L = \{-6; 6\}$ c) $L = \{\ \}$ d) $L = \{-0{,}8; 0{,}8\}$ **5.** $a = 24{,}5$ cm

6. a) $L = \{-6; 6\}$ b) $L = \{-1; 1\}$ c) $L = \{0\}$ d) $L = \{\ \}$ e) $L = \{-\frac{2}{3}; \frac{2}{3}\}$

7. a) $n = 14$ b) $n = 11$ c) $n = 11$

8. Die Katheten haben eine Länge von 18 cm und 36 cm. **9.** Eine Grundkante ist 5 cm lang.

10. a) $L = \{-9; 0\}$ b) $L = \{0; 3\}$ c) $L = \{0; 4\}$ d) $L = \{-4; 5\}$

11. a) $L = \{17; 0\}$ b) $L = \{-0{,}5; 0\}$ c) $L = \{2; 0\}$ d) $L = \{3; 0\}$

12. a) $L = \{-4{,}5; -2{,}5\}$ b) $L = \{-3\}$ c) $L = \{-1{,}5\}$ d) $L = \{-5; 5\}$

e) $L = \{8\}$ f) $L = \{-7; -3\}$ g) $L = \{\frac{\sqrt{3}-1}{2}; \frac{1-\sqrt{3}}{2}\}$ h) $L = \{-4; 1\}$

13. a) $L = \{-10; 7\}$ b) $L = \{7; 6\}$ c) $L = \{-4; 8\}$ d) $L = \{-3\}$
e) $L = \{-1; 3\}$ f) $L = \{10; 15\}$ g) $L = \{\ \}$ h) $L = \{0{,}25; 0{,}5\}$

14. a) $L = \{-2; 11\}$ b) $L = \{-0{,}75; 0\}$ c) $L = \{-5; 7\}$ d) $L = \{\ 1{,}2; 1{,}2\}$ c) $L - \{\ \}$ f) $L = \{\ \}$
g) $L = \{-9\}$ h) $L = \{-2; 0\}$ i) $L = \{-5; 3\}$ j) $L = \{5; 3\}$ k) $L = \{-2; 0\}$ l) $L = \{\ \}$

15. a) (34; 36), (– 36; – 34) b) $L = \{-7; 16\}$ c) $n = 65$

16. 39; 46 **17.** $a = 16$ cm **18.** $r \approx 4{,}4$ cm

4 Funktionen

4.1 Lineare Funktionen

Seite 36

1. a)

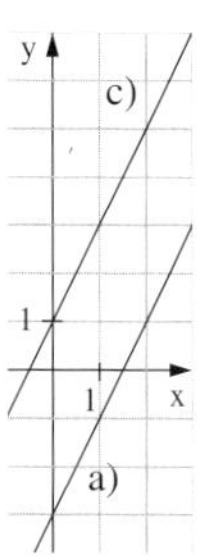

x	– 1	0	1	2	3	4
y	– 5	– 3	– 1	1	3	5

b) Der Graph ist eine Gerade, die durch den ersten, dritten und vierten Quadranten verläuft, die y - Achse bei – 3 schneidet und die x - Achse bei 1,5.

c) $y = 2x + 1$

2. a) $m = 3$; $y_0 = -2$ b) $m = -1$; $y_0 = 1$ c) $m = -0{,}5$; $y_0 = -1$ d) $m = \frac{2}{3}$; $y_0 = 3$

3. a) $f_1(x) = 2x$; $x_0 = 0$; $f_2(x) = 0{,}5x + 1$; $x_0 = -2$; $f_3(x) = -x + 3$; $x_0 = 3$; $f_4(x) = -5x - 2$; $x_0 = -0{,}4$
b) $f_1(x) = x + 1$; $x_0 = -1$; $f_2(x) = 2{,}5$; keine Nullstelle; $f_3(x) = -\frac{1}{3}x$; $x_0 = 0$; $f_4(x) = -\frac{1}{3}x - 1$; $x_0 = -3$

Seite 37

4. a) $y = x + 1$ b) $y = -\frac{1}{2}x - 1$ c) $y = \frac{3}{4}x + 4$ d) $y = \frac{2}{3}x + \frac{5}{2}$ e) $y = 2x - 1$

5. a) (– 1; – 1) b) (3; 1) c) (– 3; 0) d) (4; – 2)

6.

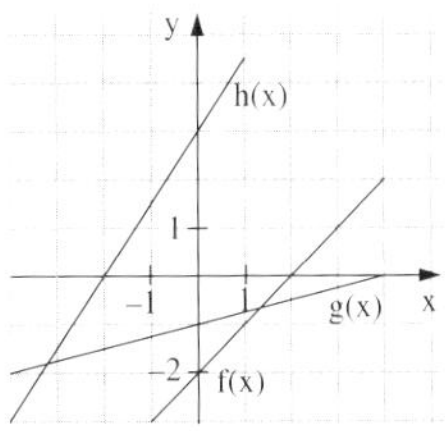

a) (2; 0), (0; – 2)
b) (4; 0), (0; – 1)
c) (– 2; 0), (0; 3)

7.
a) $x = 2$
b) $x = -0{,}5$
c) $x = -0{,}7$
d) $x = 0{,}5$
e) $x = 9$
f) $x = 3{,}5$

8. a) A(5; 4), B(– 3; 2), C(– 2; 0), D(– 1; – 2), E(1; 0) b) $f(x) = x - 1$; $g(x) = -2x - 4$; $h(x) = 0{,}25x + 2{,}75$
c) 2 LE d) 1 LE e) $\sqrt{41}$ LE f) $\sqrt{5}$ LE g) $x_0 = 1$; $x_0 = -2$ h) $x_0 = -11$ i) 45° j) A = 3 LE

9. a)
e)

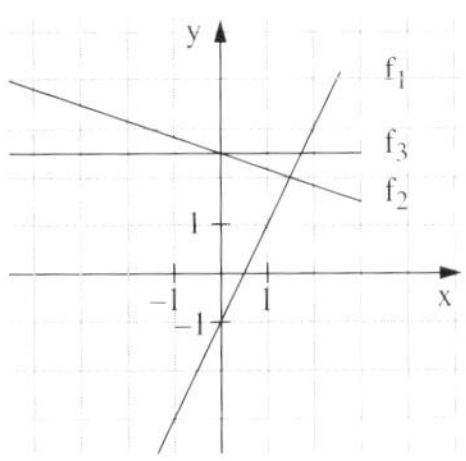

b) $f_2(x) = -\frac{1}{3}x + \frac{5}{2}$
c) $S(\frac{3}{2}; 2)$
d) ≈ 82°

4.2 Quadratische Funktionen

Seite 39

1. a) Streckung
b) Stauchung
c) Spiegelung an der x-Achse
d) Streckung und Spiegelung an der x-Achse

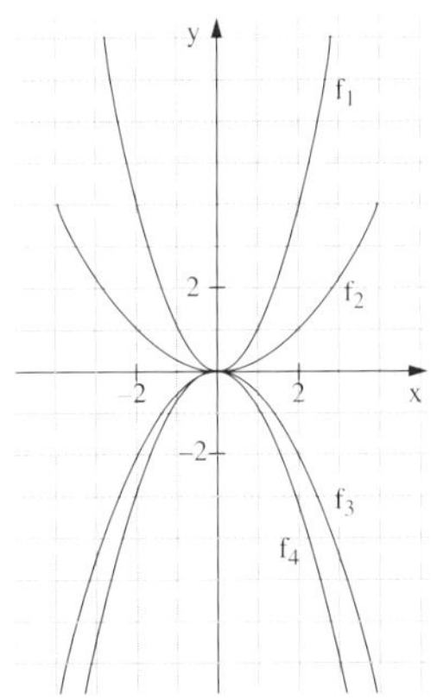

2. a) $x_1 = 1$; $x_2 = -1$ b) keine Nullstelle c) $x_1 = 0{,}5$; $x_2 = -0{,}5$ d) $x = 0$
Für e > 0 besitzt f keine Nullstelle, für e = 0 genau eine Nullstelle und für e < 0 zwei Nullstellen.

3. a) e = – 1 b) e = – 2,25 c) e = 1 d) e = 0

4.

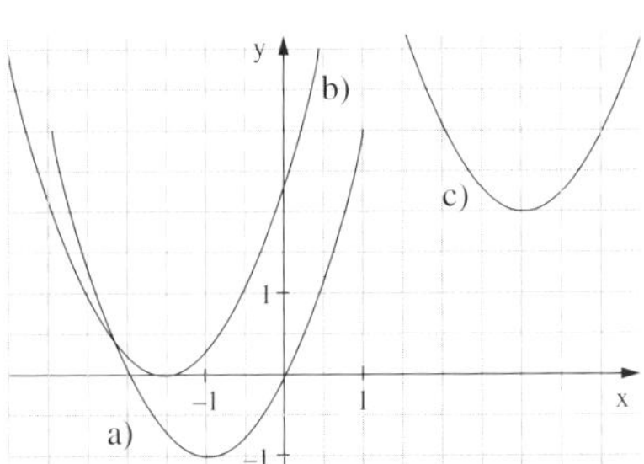

5. a) S(6; – 1,5) b) S(– 1,2; 0) c) S(– 1; – 3,5) d) S(0; 3) e) S(0,5; 1)
f) S(0; – 9) g) S(0; e) h) S(– d; 0) i) S(– d; e)

6. a) – 1; 1 b) 0,25 c) keine Nullstelle d) – 3; – 7 e) keine Nullstelle f) 6; 8

Seite 40

7. a) $y = (x + 2{,}5)^2 + 1$ b) $y = (x + 4)^2 - 3$ c) $y = (x - 2)^2 - 1$ d) $y = (x + 2)^2 - 1$

8. a) $f_2(x) = -(x - 2)^2 + 1$
b) $S_1(2; -1)$; $S_2(2; 1)$
c) f_1: (0; 5), (1; 0), (3; 0)
f_2: (0; – 5), (1; 0), (3; 0)
d) f_1: $x_1 = 1$; $x_2 = 3$
f_2: $x_1 = 1$; $x_2 = 3$
e) (1; 0), (3; 0)

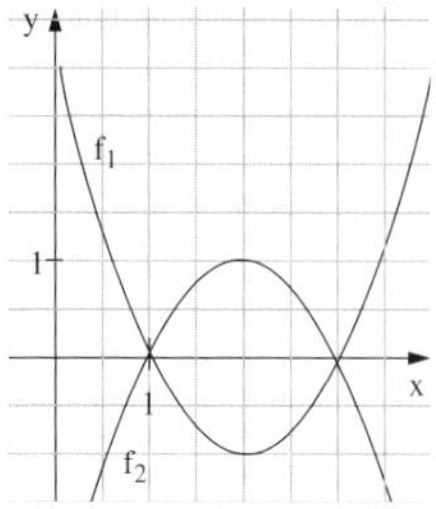

9. a) $y = x^2 - 2x - 1$ b) $y = x^2 + 8x + 19$
c) $y = x^2 - x + 0{,}25$ d) $y = x^2 + 6x + 8$
e) $y = x^2 + 12x + 31$ f) $y = x^2 + 10x + 23{,}5$

10. a) $x_1 = 2$; $x_2 = -2$ b) $x_1 = 0{,}5$; $x_2 = -0{,}5$
c) $x_1 = 6$; $x_2 = -6$ d) keine Nullstelle

11. a) $y = (x - 2)^2 - 1$ b) $y = (x + 5)^2 + 1$ c) $y = (x - 1{,}5)^2 - 0{,}25$ d) $y = (x - 1)^2 + 0$
e) $y = (x + 3)^2 - 5$ f) $y = (x + 1)^2 - 1$ g) $y = ((x + 4)^2 - 1$ h) $y = (x + 0{,}5)^2 - 6{,}25$
i) $y = (x - 2)^2 - 4$

12. a) $x_1 = 2$; $x_2 = 1$ b) $x_1 = 3$; $x_2 = -1$ c) $x = -1$ d) keine Nullstelle
e) $x_1 = 0$; $x_2 = -5$ f) $x_1 = 1$; $x_2 = -1$ g) $x_1 = 0{,}5$; $x_2 = -0{,}5$ h) keine Nullstelle
i) $x_1 = 1{,}75$; $x_2 = -0{,}25$

13. a) $y = x^2 - 8x + 13$
b) $y = x^2 - 12x + 35$
c) $y_1 = x^2 + 4x + 6$
$y_2 = x^2 - 4x + 6$
d) $y = x^2 + 2dx + d^2$;
$d \in \mathbb{R}$ beliebig

14. a)
d)

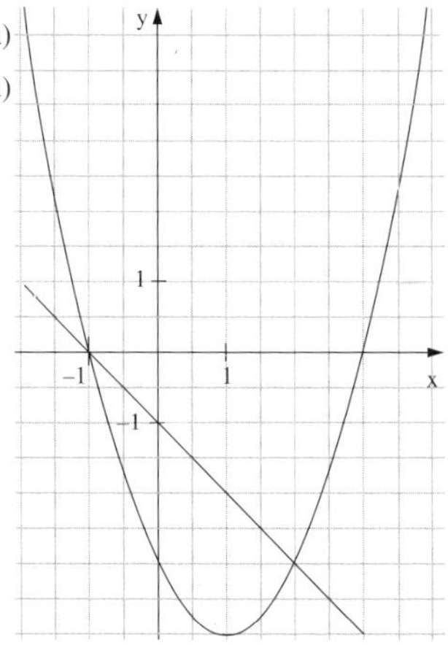

S(1; – 4)
b) $W = \{x \in \mathbb{R}: x \geq -4\}$
c) $x_1 = -1$; $x_2 = 3$
e) $x = -1$
f) A(– 1; 0); B(2; – 3)
g) $\overline{AB} = \sqrt{18}$

5 Geometrie

5.1 Winkel, Dreiecke, Vierecke und Kreise

Seite 43

1. a) $\alpha_1 = \alpha_3 = \alpha_5 = \alpha_7 = 106°$; $\alpha_2 = \alpha_4 = \alpha_6 = 74°$ b) $\alpha = 95°$; $\beta = 85°$ c) $\alpha = 49°$; $\beta = 127°$; $\gamma = 53°$; $\delta = 78°$; $\varepsilon = 102°$

2. a) $\alpha < \beta$ b) $\alpha > \gamma$ c) $\beta < \gamma$ d) $\alpha = \beta$ e) $\beta > \gamma$

3. a) Das Dreieck ist nach dem Kongruenzsatz (sss) eindeutig konstruierbar.
b) Das Dreieck ist nicht konstruierbar. Da der gegebene Winkel der kleineren der gegebenen Seiten gegenüberliegt, kann der Kongruenzsatz (ssw) nicht angewendet werden. In einem solchen Fall kann es vorkommen, dass das Dreieck nicht oder nicht eindeutig konstruierbar ist.
c) Das Dreieck ist nach dem Kongruenzsatz (ssw) eindeutig konstruierbar.
d) Das Dreieck ist nach dem Kongruenzsatz (sws) eindeutig konstruierbar.
e) Da die Summe aller drei Winkel 180° beträgt, ist ein solches Dreieck konstruierbar. Allerdings gilt für mehrere solche Dreiecke nicht die Kongruenz sondern nur die Ähnlichkeit.

4. a) Basiswinkel: 35° b) Basiswinkel: 70°; Winkel in der Spitze: 40°

5. a) $\alpha = 52°$; $\beta = 52°$; $\gamma = 76°$ b) $\alpha = 24°$; $\beta = 24°$; $\gamma = 132°$

6. a) Der Winkel γ ist der größte Winkel des Dreiecks ABC. Weil $c < b$ ist, liegt dem größten Winkel nicht die längste Seite gegenüber. Wählt man hingegen $\alpha = 100°$, so ist das Dreieck ABC eindeutig nach dem Krongruenzsatz sws konstruierbar.
b) Die Dreiecksungleichung ist nicht erfüllt. Für $c = 85$ mm wäre sie erfüllt.

7. a) Die Dreiecke XMZ und YMZ sind kongruent, da sie $\overline{ZM}$ als gemeinsame Seite, die Seiten $\overline{XZ}$ und $\overline{YZ}$ als Seiten gleicher Länge und die Winkel im Scheitelpunkt M als gleich große rechte Winkel besitzen. Es kann der Kongruenzsatz (ssw) angewendet werden.
b) Die Dreiecke KLM und MNO stimmen in den Seiten $\overline{LM}$ und $\overline{MN}$ einerseits, den Seiten $\overline{KM}$ und $\overline{MO}$ andererseits sowie den Winkeln im Scheitelpunkt M überein. Nach Kongruenzsatz (sws) sind sie kongruent.
c) Paare kongruenter Dreiecke: (EHM; FMG), (EFM; HMG), (EFG; EHG), (HEF; HFG)
Die Dreiecke EHM und FMG stimmen in den Seiten $\overline{EM}$ und $\overline{MG}$ einerseits, den Seiten $\overline{HM}$ und $\overline{MF}$ andererseits sowie den Winkeln im Scheitelpunkt M überein. Nach Kongruenzsatz (sws) sind sie kongruent.
Die Dreiecke EFM und MHG stimmen in den Seiten $\overline{EM}$ und $\overline{MG}$ einerseits, den Seiten $\overline{HM}$ und $\overline{MF}$ andererseits sowie den Winkeln im Scheitelpunkt M überein. Nach Kongruenzsatz (sws) sind sie kongruent.
Als Folgerung dieser beiden Kongruenzaussagen ergibt sich auch die Kongruenz der großen Dreiecke EFG und EHG einerseits sowie HEF und HFG andererseits aufgrund des Kongruenzsatzes (sss).
d) Mengen zueinander kongruenter Dreiecke: {FME; DMC; FMA; CMB}, {EMD; AMB}
Die Dreiecke FME und CMD sind gleichschenklig und stimmen in der Basis überein. Die anderen Seiten sind Radien des Kreises um M und stimmen daher auch überein. Nach (sss) folgt Kongruenz. Mit den beiden jeweils gegenüberliegenden Dreiecken CMB und FMA stimmen FME und DMC in dem Winkel mit dem Scheitelpunkt M sowie in den Radien als Seiten überein. Nach (sws) folgt Kongruenz. EMD und AMB stimmen in den Winkeln mit dem Scheitelpunkt M und in den Radien überein. Nach (sws) folgt Kongruenz.

Seite 44

8. Nach Satz des THALES sind beide Dreiecke rechtwinklig. Damit besitzen sie mit $\overline{AB}$ eine gemeinsame Seite sowie mit $\overline{AC}$ und $\overline{BD}$ zwei Seiten von gleicher Länge. Da der rechte Winkel in beiden Dreiecke der längsten Seite gegenüberliegt, kann der Kongruenzsatz (ssw) angewendet werden, sodass die Behauptung folgt.

9. a) ja b) nein c) ja d) ja e) ja f) nein g) nein h) nein

10. 65°; 115°; 115°

11. a) $\delta = 110°$; $\gamma = 135°$ b) $\gamma = 110°$; $\beta = 70°$; $\delta_1 = 35°$ c) $\varepsilon = 90°$; $\alpha_1 = 45°$ d) $\gamma = 95°$; $\delta = 110°$

12. a) Parallelogramm; Trapez b) Quadrat; Rechteck c) Rechteck; Rhombus
d) Parallelogramme, die keine Rhomben oder Rechtecke sind; nicht gleichschenklige Trapeze, die keine Rhomben sind
e) Quadrat; Rhombus f) Quadrat

13. a) $\gamma = \delta = 52°$ b) $\gamma = 58°$; $\varepsilon = 116°$ c) $\alpha = 90°$

5.2 Geometrische Konstruktionen

Seite 47

Alle Abbildungen der Aufgaben 1. bis 9. sind verkleinert dargestellt.

1. a)

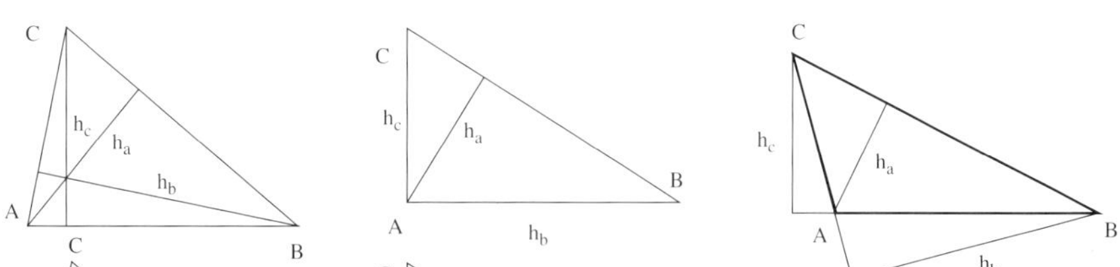

b)

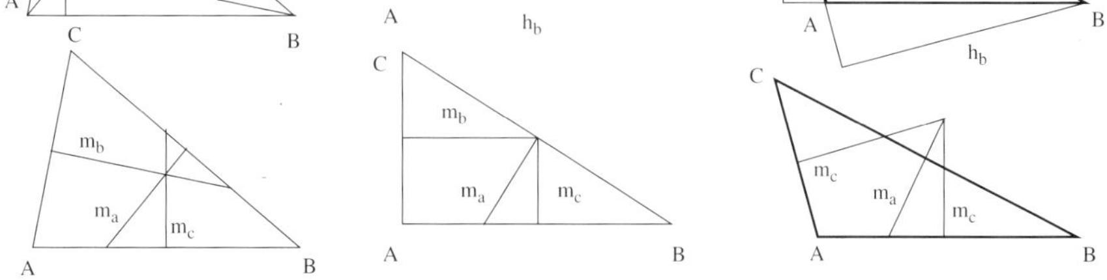

c)

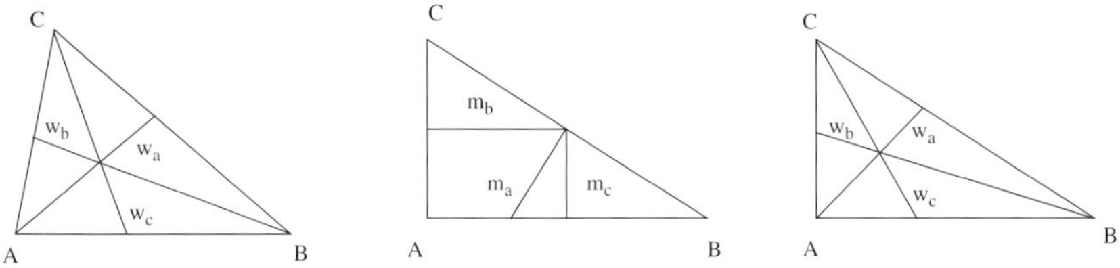

2. a)

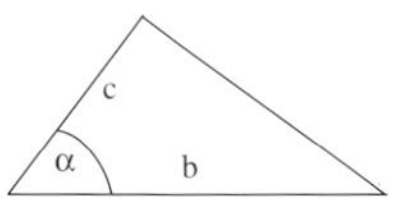

b)

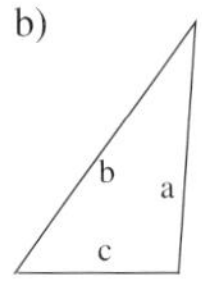

c)

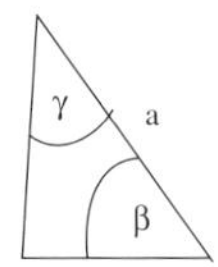

*d)

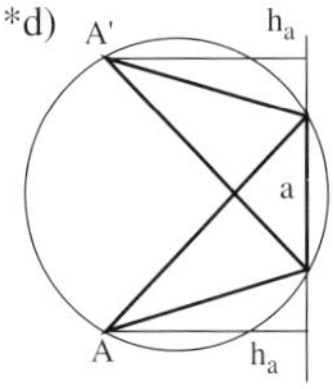

3. a)

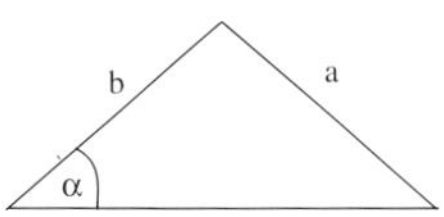

c)

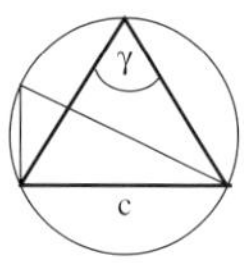

b)

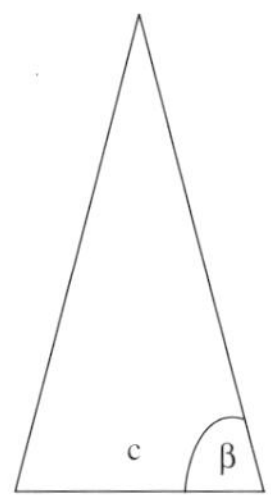

5.

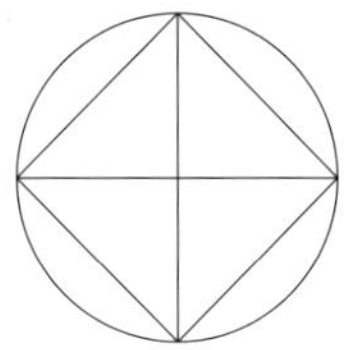

4. a)

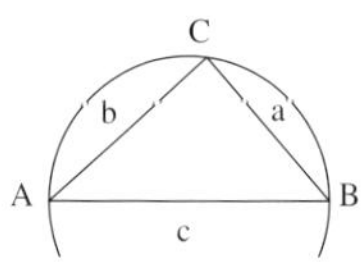

b)

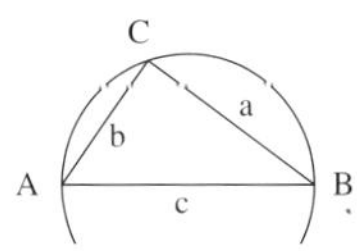

c)

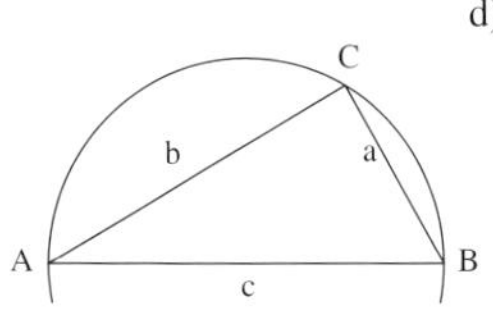

d)

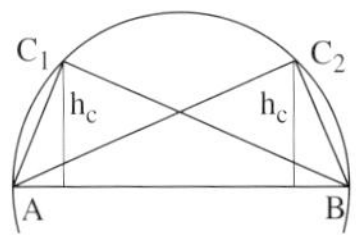

6. a)

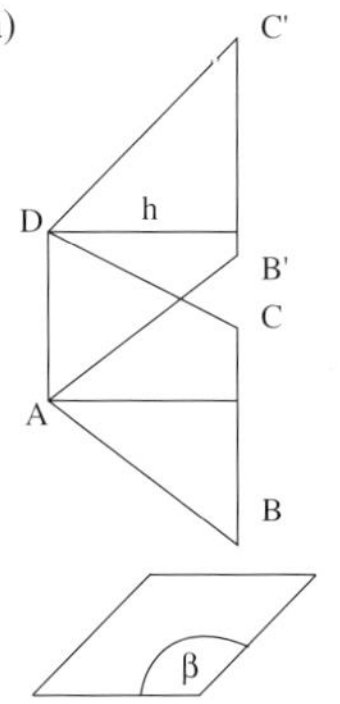

b)

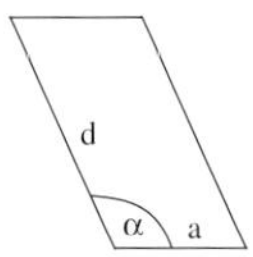

c)

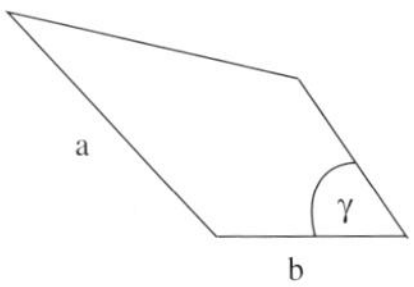

7.

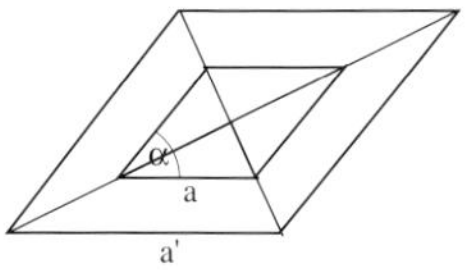

8.

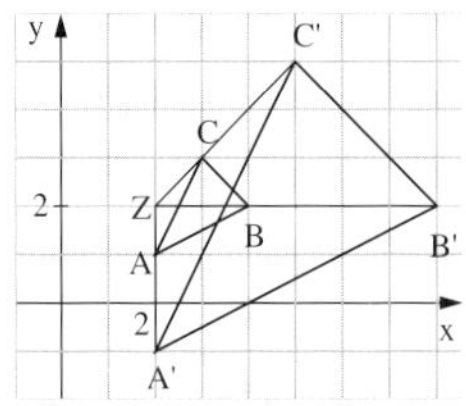

9.[a]

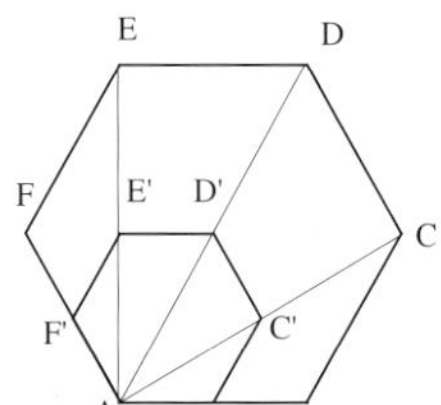

10. a)

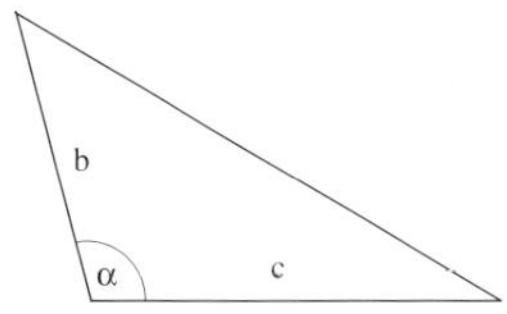

Maßstab 1 : 31

b)

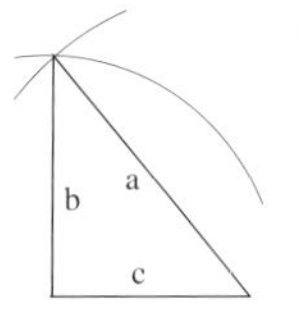

Maßstab 1 : 6250

c)

Maßstab
1 : 6250000

d)

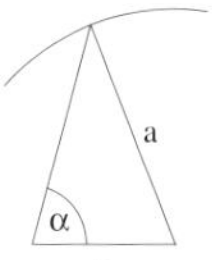

Maßstab
1 : 25000

5.3 Flächeninhalte und Umfänge von Figuren

Seite 48

1. a) $u = 80$ mm; $A = 375$ mm^2 b) $u = 105$ mm; $A = 627$ mm^2 c) $u = 87$ mm; $A = 407$ mm^2

2. a) $u \approx 75{,}4$ mm; $A \approx 452{,}4$ mm^2 b) $u \approx 10{,}7$ cm; $A \approx 7{,}1$ cm^2 c) $u \approx 277{,}1$ m; $A \approx 4963{,}5$ m^2

3. a) Für einen Quadratmeter wurden 196 ganze Mosaiksteine benötigt.
b) Für eine Rechteckfläche von 3 m Breite und 4 m Länge wurden $43 \cdot 57 = 2451$ Steine benötigt.

4. Variante 1: 8,625 m^2; Variante 2: 9 m^2; Variante 3: 9,25 m^2

Seite 49

5. a) $u = 24$ cm; $A = 14$ cm^2 b) $u \approx 17{,}2$ cm; $A = 12$ cm^2 c) $u \approx 18{,}2$ cm; $A \approx 7{,}7$ cm^2

6. a) $u \approx 26{,}1$ cm; $A = 15$ cm^2 b) $u \approx 29{,}7$ cm; $A \approx 12{,}1$ cm^2
c) $u \approx 27{,}7$ cm; $A \approx 17{,}9$ cm^2 d) $u \approx 27{,}1$ cm; $A \approx 16{,}7$ cm^2
e) $u \approx 27{,}3$ cm; $A = 15$ cm^2 f) $u \approx 28{,}1$ cm; $A = 15$ cm^2

7. a) $A = 42{,}5$ cm^2 b) $A = 19{,}2$ cm^2 c) $A \approx 23{,}4$ cm^2

8. a) $A \approx 34{,}8$ cm^2 b) $A \approx 28{,}6$ cm^2 c) $A \approx 10{,}3$ cm^2

5.4 Strahlensätze

Seite 50

1. a) $x = 6$ cm b) $x = 12$ cm c) $x = 5$ cm

Seite 51

2. a) wahr b) $\frac{\overline{AB}}{\overline{CD}} = \frac{\overline{ZA}}{\overline{ZC}}$ c) $\frac{\overline{BD}}{\overline{ZD}} = \frac{\overline{AC}}{\overline{ZC}}$ d) wahr

3. a) $d = 6$ cm; $e = 10$ cm; $a + b = 8$ cm; $c + d = 16$ cm b) $b = 6$ cm; $d = 8$ cm; $e = 6$ cm; $c + d = 12$ cm
c) $b = 8$ cm; $c = 15$ cm; $e = 9$ cm; $a + b = 20$ cm d) $d = 4{,}5$ cm; $f = 3{,}0$ cm; $a + b = 10{,}8$ cm; $c + d = 8{,}1$ cm

4. Der Mast hat eine Höhe von rund 20 m ($h = 20{,}47$ m). **5.** a) $x \approx 31$ m b) $x = 100$ m

6. a) $A_1 = 48$ cm^2 b) $k = 3$ c) $A_3 = 3$ cm^2

7. a) $A_2 = 9A_1$ b) $A_2 = 0{,}25A_1$ c) $A_2 = 6{,}25A_1$ d) $A_2 = 4A_1$ e) $A_2 = 0{,}36A_1$

8. 140 %

Seite 52

9. $V_1 = 27$ cm^3; $A_{O1} = 54$ cm^2; $V_2 = 729$ cm^3; $A_{O2} = 486$ cm^2; $V_2 = 27V_1$; $A_{O2} = 9A_{O1}$

10. Der Bauarbeiter benötigt 12 Stunden. **11.** Frank braucht 8,1 kg Ton.

5.5 Berechnungen im Koordinatensystem

Seite 53

1. a) 1,5 LE b) 3 LE c) $\sqrt{13}$ LE d) $\sqrt{10{,}25}$ LE e) $\approx 22{,}7$ LE

2. Winkel mit der x-Achse: $\approx 33{,}7°$; Winkel mit der y-Achse: $\approx 56{,}3°$ **3.** $y = x$

4. $\approx 82{,}9°$ **5.** $\alpha \approx 39{,}8°$; $\beta \approx 68{,}2°$; $\gamma \approx 72{,}0°$ **6.** $A = 3{,}125$ FE

7. $A = 32$ cm^2; $u = 8\sqrt{8}$ cm + 16 cm $\approx 38{,}6$ cm

8. a) $A = 6$ FE b) $A = 8$ FE

9.

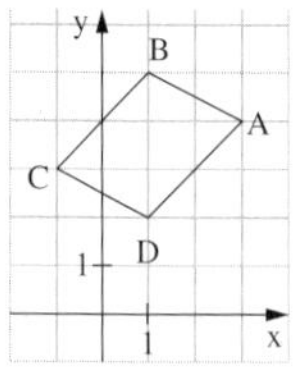

A = 6 cm^2

u = $2(\sqrt{5} + \sqrt{8})$ cm

u ≈ 10,1 cm

6 Stochastik

Seite 56

1. a)

Anzahl	8	9	10	11	12	13	14
absolute Häufigkeit	1	3	4	6	3	2	1
relative Häufigkeit	0,05	0,15	0,2	0,3	0,15	0,1	0,05

b) Zentralwert: 11; Spannweite: 6

c) arithmetisches Mittel: 10,85; 10,85 < 11

d)

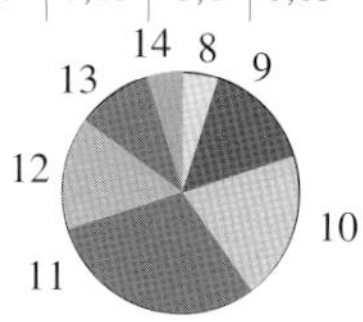

2. a) 480

b) 4

c)

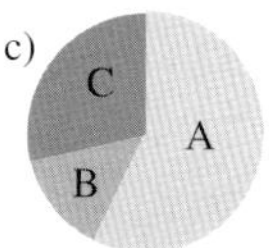

d)

e) ≈ 56,7 %

f) B: 14,2 %; C: 28,3 %

Seite 57

3. a)

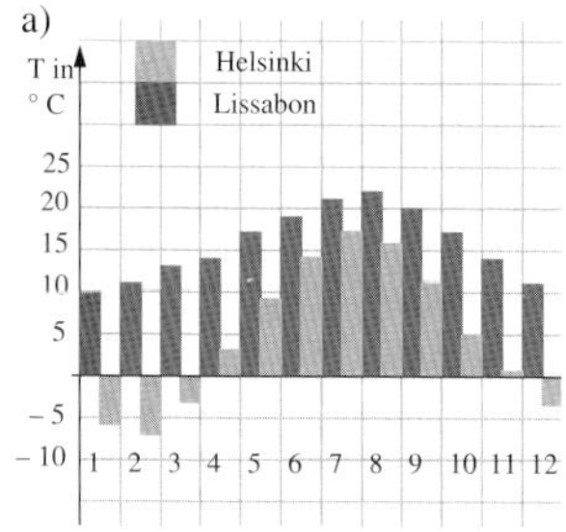

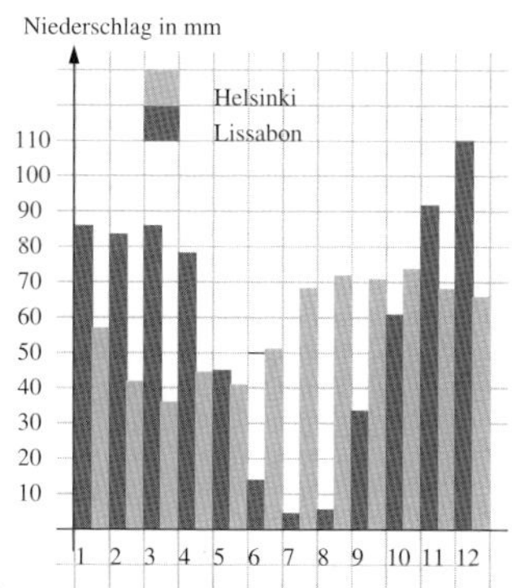

b) Helsinki: $\bar{x}$ = 4,75 °C; w = 24°C

Lissabon: $\bar{x}$ = 15,75 °C; w = 12 °C

c) Helsinki: $\bar{x}$ = 57,4 mm; w = 37 mm

Lissabon: $\bar{x}$ = 58,2 mm; w = 106 mm

d) Helsinki: 3. Quartal

Lissabon: 4. Quartal

4. a)

	abs. Häufigkeit	rel. Häufigkeit
5	9	0,18
6	9	0,18
7	7	0,14
8	8	0,16
9	7	0,14
10	10	0,2

b) 20

c) $p = \frac{1}{15}$

5. a)

	Anzahl der Windkraftanlagen	Fläche in km^2	Windkraftanlagen pro km^2
Niedersachsen	2562	47343	0,054
Schleswig-Holstein	2054	15731	0,131
Nordrhein-Westfalen	1207	34070	0,035
Mecklenburg-Vorpommern	704	23170	0,031
Brandenburg	623	29053	0,021
Sachsen-Anhalt	549	20443	0,027
Hamburg	48	755	0,064
Bremen	26	404	0,064
Berlin	0	889	0

Der berechnete Quotient gibt Auskunft darüber, wie „dicht" das Bundesland mit Windkraftanlagen bebaut ist. Sein Kehrwert sagt aus, wie viel Quadratkilometer Fläche auf jede Windkraftanlage kommen. Der erste Quotient ist für Vergleiche besser geeignet.

b) unterschiedliche klimatische Verhältnisse; Richtlinien zur Vergabe von Fördermitteln

Seite 58

6. a)

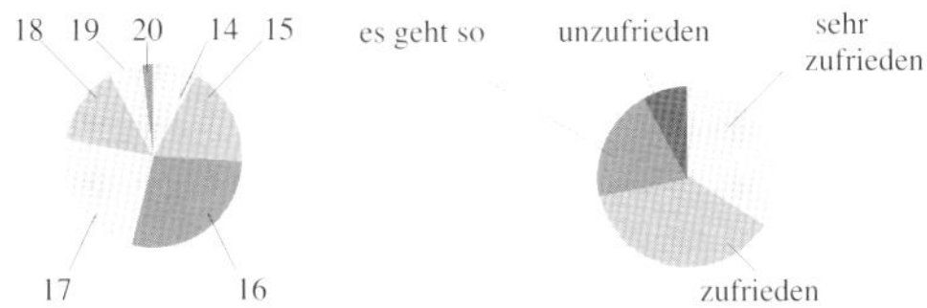

b)

Alter	14	15	16	17	18	19	20	> 20
Anzahl	4	9	14	12	7	3	1	0

Grad der Zufriedenheit	sehr zufrieden	zufrieden	es geht so	unzufrieden
Anzahl	17	19	10	4

c) $\bar{x} = 16{,}44$ Jahre; $x = 17$ Jahre
Das Merkmal Alter nimmt alle ganzzahligen Werte zwischen 14 und 20 Jahren an. Die Abweichung von $\bar{x}$ vom Zentralwert ist ein Hinweis darauf, dass die Werte unterhalb von x öfter angenommen werden als die oberhalb von x.

d) Es ist mit 390 Besuchern unter 16 Jahren zu rechnen. Es ist zu erwarten, dass 120 Besucher nicht mit der Musik zufrieden sind.

7. a) Beide Darstellungen beziehen sich auf den Sachverhalt des Bevölkerungswachstums in China. Im Unterschied zur Darstellung der Zeitschrift enthält die Darstellung im Buch auch die konkret ermittelten Bevölkerungszahlen.

b)

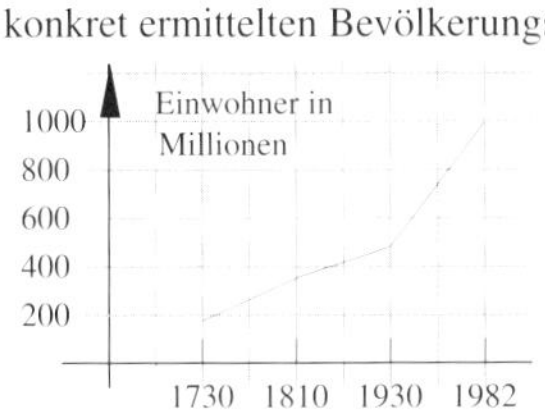

8. a)

	$\bar{x}$	w
15:00 – 17:00	300 s	234 s
18:00 – 20:00	336 s	69 s

b)

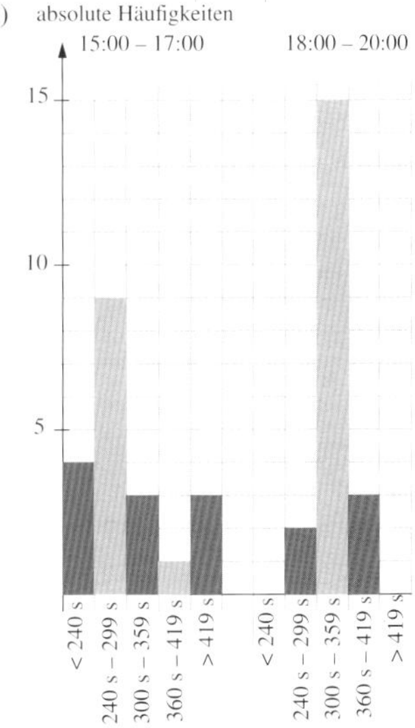

Am Nachmittag sind die Werbeblöcke im Durchschnitt kürzer. Ihre Länge unterscheidet sich aber stärker als abends.

c) Die Wahrscheinlichkeit beträgt $\frac{1}{6}$.

Seite 59

9. In Ostdeutschland liegt der von Frauen erbrachte Anteil der insgesamt geleisteten Arbeitszeit höher als in Westdeutschland. Andererseits lässt der in Westdeutschland höhere Anteil an Frauen ohne bzw. in Teilzeitbeschäftigungsverhältnissen darauf schließen, dass die Frauen in stärkerem Maße in die Führung des Haushaltes und die Kinderbetreuung eingebunden sind als in Ostdeutschland.

10. a) ≈ 41,4 Jahre b) ≈ 20,4 Jahre

c)

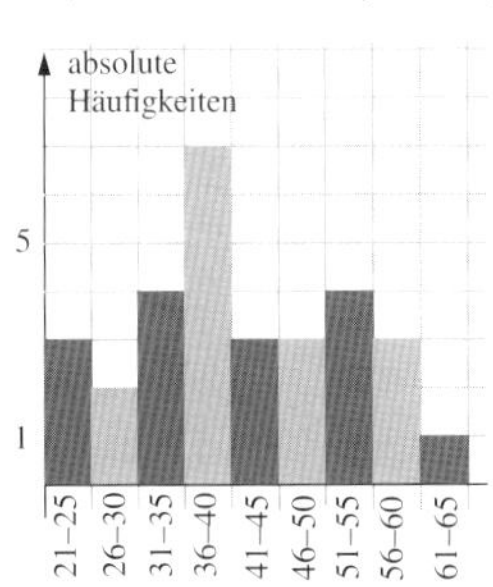

Die meisten Musiker sind in der Gruppe der 36–40 Jahre alten Musiker, die wenigsten Musiker sind älter als 60 Jahre.

11. a) individuelle Lösung

b)

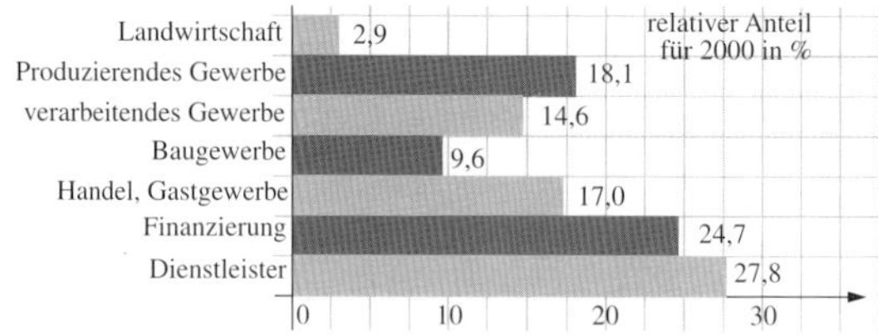

c)

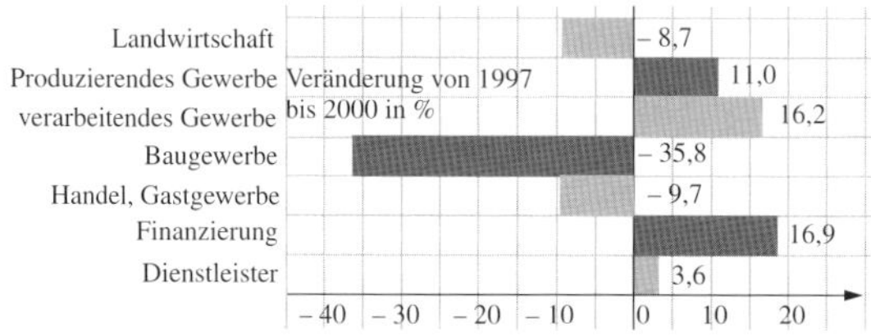

12. Es muss ein Betrag von 55,20 € berechnet werden. Dabei wurde für jedes Intervall der in der Mitte liegende Wert der Kosten zugrunde gelegt.

Seite 60

13. a) Der Erwartungswert beträgt $-\frac{10}{37} \approx -0{,}27$ Münzen. Das bedeutet, dass Johannes auf lange Sicht Verlust machen wird.

b) Der Erwartungswert beträgt $-\frac{10}{37} \approx -0{,}27$ Münzen. Das bedeutet, dass Lola auf lange Sicht Verlust machen wird. Auf lange Sicht werden sich bei Lola und Johannes die Quotienten aus den aufsummierten Gewinnen bzw. Verlusten und der Anzahl der Spiele einem Verlust von rund 0,27 Münzen pro Spiel annähern.

14. Es sei n die Anzahl der im Parkhaus angemieteten Dauerparkplätze. n kann alle natürlichen Zahlen von Null bis Drei annehmen. Für n = 2 sind pro Jahr Kosten in Höhe von 1960,00 € zu erwarten. Für alle anderen Varianten muss mit höheren Kosten gerechnet werden.

15. Der Erwartungswert des Merkmals liegt bei 2,5 Kunden, die pro Minute an der Kasse stehen.

16. a) Die Wahrscheinlichkeit, dass 50 ct ausgezahlt werden müssen, beträgt 0,25. Sonst behält Fanny den Einsatz von 10 ct. Der Erwartungswert von Fannys Gewinn beläuft sich daher auf – 0,025 €, d. h. auf lange Sicht wird Fanny Verlust machen.

b) 0,40 €   c) 0,30 € für einen Gewinn von 0,025 € pro Spiel

d) (a) $\frac{1}{16}$; 6,875 ct   (b) 160 ct   (c) 120 ct

17. a) p(G = – 0,5 $) = 0,999; p(G = 49,50 $) = 0,0009; p(G = 499,50 $) = 0,00009; p(G = 4999,50 $) = 0,000009; p(G = 49999,50 $) = 0,000001
Der Erwartungswert beträgt – 0,315 $.

b) Es werden 37 % der Einzahlungen wieder ausgeschüttet.

7 Gemischte Aufgaben

7.1 Teste dein Grundwissen

Seite 61

1. (4)   **2.** (3)   **3.** (2)   **4.** (4)   **5.** (3)   **6.** Zinssatz 7,25 %

7. (1)   **8.** (2)   **9.** a) (1), (2) für n > 0   b) (1), (2)   **10.** (2)

Seite 62

11. (2), (5)   **12.** (1)   **13.** (2)   **14.** b)

15. (2)   **16.** (3)   **17.** (3)   **18.** (2)

Seite 63

19. (3); Es wurde eine Höhe von 15 m und ein Radius von 2 m angenommen.

20. (1) **21.** (1) **22.** (2) **23.** (1)

24. (2) **25.** (2) **26.** (4) **27.** (4) **28.** (4)

7.2 Komplexe Aufgaben

Prozent- und Zinsrechnung

Seite 64

1. Angebot 2

2. a) 20,65 % b) 226,03 €
c) 423,97 € pro Monat entsprechen 65,23 % der Ausbildungsvergütung
d) 7,83 €
e) Kreisdiagramm nebenstehend

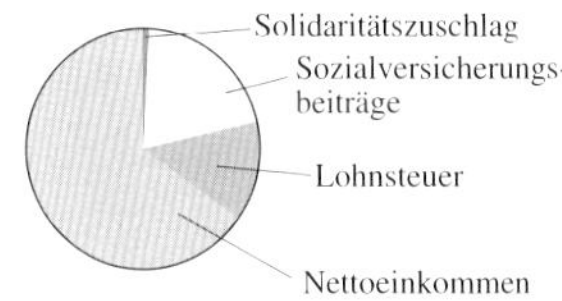

3. a) 1035,00 €; 1078,47 € b) ≈ 12,0 % c) 1087,89 € d) ≈ 8,8 %

4. a) 4750,00 € b) 142,50 € **5.** a) 168,75 € b) 369,50 € c) 3,05 % d) 2423,08 €

Zuordnungen und Funktionen

Seite 65

1. a)
d)

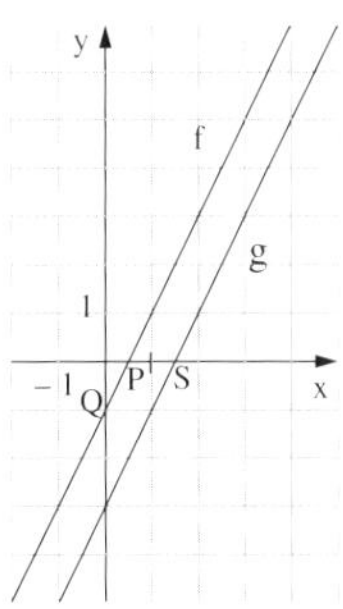

b) x = 0,5
c) P(0,5; 0)
Q(0; – 1)
$\overline{PQ} = \frac{1}{2}\sqrt{5}$
e) y = 2x – 3
f) A = 0,25 FE
g) Beide Dreiecke haben den Winkel in O gemeinsam. Die Winkel in P und S sind gleich, da sie Stufenwinkel an parallelen Geraden sind.

2. a)

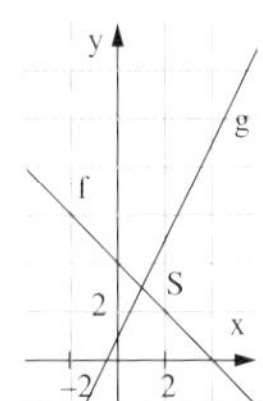

b) S(1; 3)
c) $\overline{OS} = \sqrt{10}$ LE
d) g(3,5) = 8
Daher gehört (3,5; 9) nicht zu g(x).

3. a)
d)

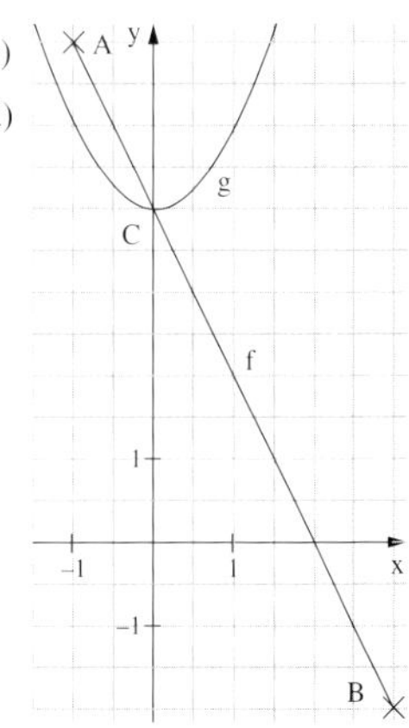

b) f(x) = –2x + 4
c) ja
e) $g(x) = x^2 + 4$

4. a)

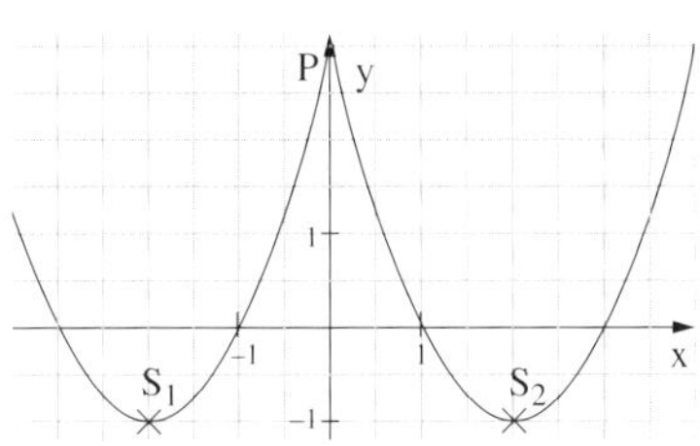

b) $g(x) = x^2 - 4x + 3$
c) A = 8 FE,
$u = 4(\sqrt{5} + 1)$ LE
≈ 12,9 LE

5. a)

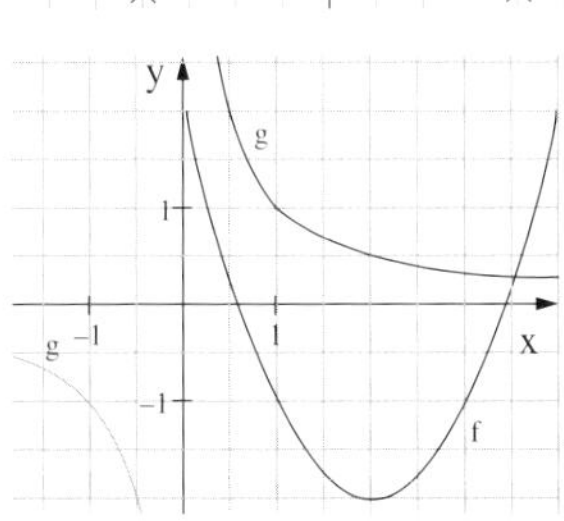

b)

x	–5	–2	0	0,5	1	2	4	6
g(x)	– 0,2	– 0,5	n.d.	2	1	0,5	0,25	$0{,}1\overline{6}$

c) Es gibt nur einen Schnittpunkt S. Dieser hat die Koordinaten S(3,51; 0,28). Es handelt sich um Näherungswerte.

6. a)

x	− 2	− 1	0	1	2	3
h(x)	0,25	0,5	1	2	4	8

b)

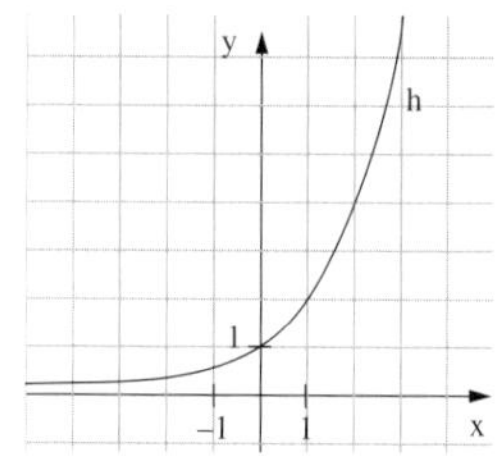

c) Der Punkt R(5; 30) gehört nicht zu h(x), weil h(5) = 32 ist.
Der Punkt T(− 4; $\frac{1}{16}$) gehört zu h, weil h(− 4) = $\frac{1}{16}$ ist.

Seite 66

7. a)

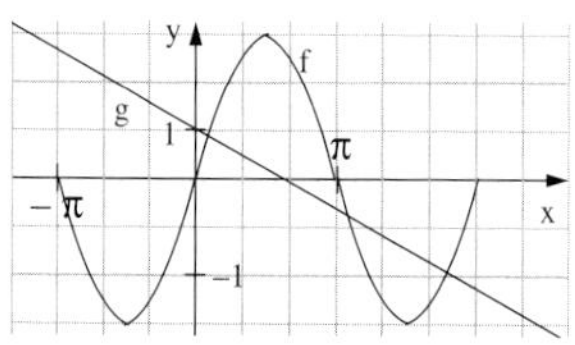

b) Im Intervall [− π; 2π] haben f und g genau drei Schnittpunkte: $S_1(0{,}3;\ 0{,}8)$, $S_2(3{,}5;\ -0{,}8)$, $S_3(5{,}6;\ -1{,}9)$

c) $W_f = [-3;\ 3]$

d) g(x) = − 1 für x = 4

8. a) Tabelle I und IV gehören nicht zur einer Potenzfunktion der Form $y = x^n$ mit $n \in \mathbb{N}$, weil der Funktionswert jeder natürlichen Zahl wieder eine natürliche Zahl sein muss.
b) Tabelle II: $y = x^3$; Tabelle III: $y = x^5$

Gleichungen, Ungleichungen und Gleichungssysteme

1. a) $L = \{-4\}$ b) $L = \{-1; 1\}$ c) $L = \{-5; 5\}$ d) $L = \{6; -8\}$

2. a) x = − 1; y = 3 b) $x = -\frac{13}{7};\ y = -\frac{4}{7}$ c) x = 1; y = 2 d) $L = \{\ \}$

3. a) $4x^2 + 6x - 8 = 0$, a = 4; b = 6; c = − 8 b) $6x^2 - 8x = 0$, a = 6; b = − 8; c = 0 c) $-10x^2 - 15x - 19 = 0$, a = −10; b = −15; c = −19

4. $L = \left\{\frac{\pi}{6};\ \frac{5\pi}{6}\right\}$

5. a) I: $L_I = \{r \in \mathbb{R}: r < 3\}$; II: $L_{II} = \{r \in \mathbb{R}: r > -3\}$ b) $L_{I,II} = \{-2; -1; 0; 1; 2\}$

c)

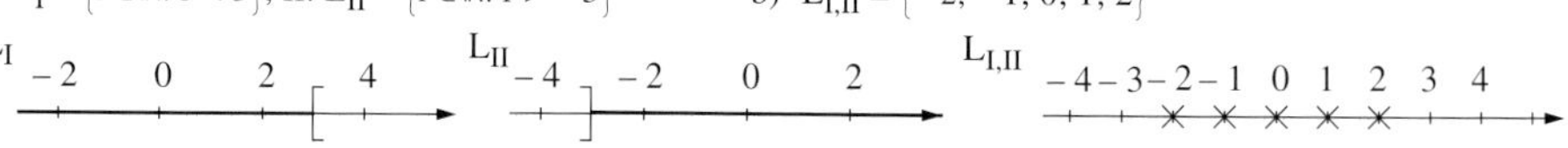

6. a) p = − 6 b) p = 13 *c) keine Lösung d) p = 5

7. Die Seiten des Rechtecks sind 25 cm und 30 cm lang.

8. Das Quadrat hatte eine Seitenlänge von 62 cm.

Seite 67

9. Der Radius beträgt rund 4,1 m.

10. Der Zug benötigt jetzt 45 Minuten und hat eine durchschnittliche Geschwindigkeit von 40 Kilometer pro Stunde.

11. Es sei x die Leistung von Pumpe 1, y die Leistung von Pumpe 2 und t die Zeit, die Pumpe 1 allein benötigt.
(1) $tx = 10\text{ h} \cdot (x + y)$; (2) $(t + 6\text{h})y = 10\text{ h} \cdot (x + y)$
Durch Umformung ergibt sich $\frac{x}{y} = \frac{10\text{ h}}{t - 10\text{ h}}$ und $\frac{x}{y} = \frac{t - 4\text{ h}}{10\text{ h}}$. Gleichsetzen und kreuzweises Multiplizieren führt auf: $(t - 10\text{ h})(t - 4\text{ h}) = (10\text{ h})^2$. Die postive Lösung ist t ≈ 17 h 26 min. Pumpe 2 benötigt rund 23 h 26 min.

Planimetrie und Trigonometrie

1. $A \approx 3428\text{ mm}^2$; u ≈ 248 mm

2. a)

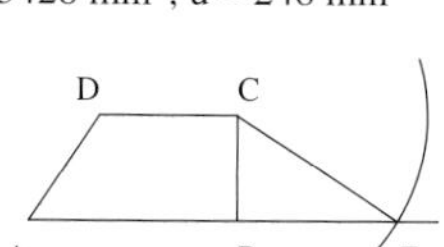

b) $\overline{BE} \approx 35$ m

c) Die Parkfläche vergrößerte sich um rund 385 m^2.
Das entspricht einem Zuwachs um rund 47 %.

3. a)

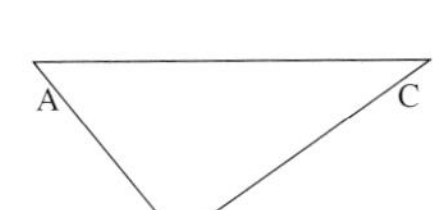

Maßstab: 1 : 3 125 000

b) $\overline{AC} \approx 84$ km;
∢ BAC ≈ 50°;
∢ ACB ≈ 35°

c) ≈ 197 km

d) ≈ 194 km

Seite 68

4. a) $\overline{BE} \approx 80$ mm   b) $u \approx 408$ mm   c) $A \approx 9638\ mm^2$

5. a) $\gamma = 32°$; $\alpha = 98°$ b) $\delta = \alpha$ Wechselwinkel   c) $A \approx 16{,}6\ cm^2$ d) $A \approx 4{,}2\ cm^2$

Körperdarstellung und Körperberechnung

1. a) $V \approx 35\ cm^3$ b) $V = 400\ cm^3$ c) $V \approx 115{,}5\ cm^3$

2. a)

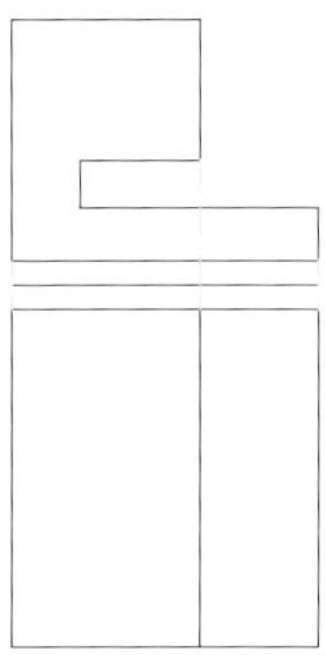

$V = 134\ cm^3$; $A_O \approx 227\ cm^2$

b)

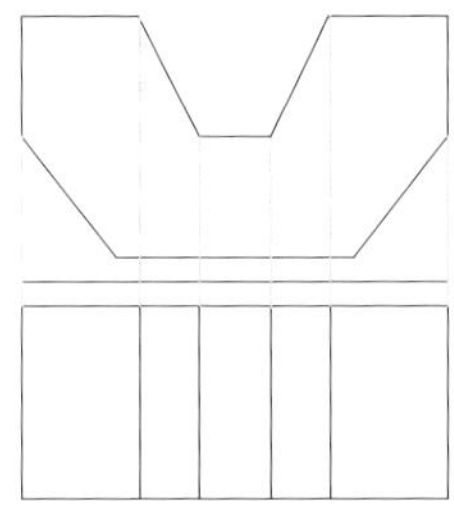

$V \approx 113\ cm^3$; $A_O \approx 161\ cm^2$

Seite 69

3. a) $V \approx 0{,}47\ dm^3$

b) $m \approx 3{,}5$ kg

c) $A_O \approx 4{,}02\ dm^2$

d) Körper ist verkleinert dargestellt.

d)

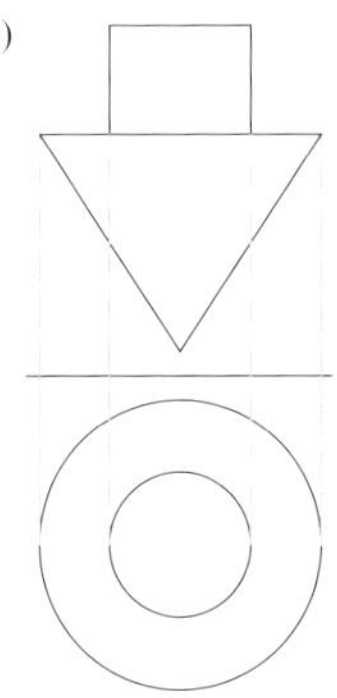

4. Die Würfel haben eine Kantenlänge von 5 cm und von 9 cm.

5. Das Quadrat hat eine Seitenlänge von 18 cm.

6. Das Aufschütten der Halde hat rund 20 Jahre und 3 Monate gedauert.

7. $V \approx 79\,990{,}96\ m^3$

8. $V = 3600\ m^3$

9. a) $m = 11{,}8$ kg   b) $m = 6{,}64$ kg   c) $m = 8{,}77$ kg

10. a) $A_0 \approx 332\ cm^2$ b) $m = 1{,}77$ kg

Stochastik

Seite 70

1. $\Omega = \{(b, b, b); (b, b, r); (b, r, b); (r, b, b); (b, r, r); (r, b, r); (r, r, b); (r, r, r)\}$

2. O: 31 Mio.   A: 34 Mio.   B: 11 Mio.   AB: 6 Mio.

3. a) $\frac{24}{49}$ b) $\frac{34}{49}$ c) $\frac{3}{49}$ d) $\frac{11}{49}$ e) $\frac{9}{49}$ f) $\frac{8}{49}$ g) $\frac{33}{49}$

4. a)

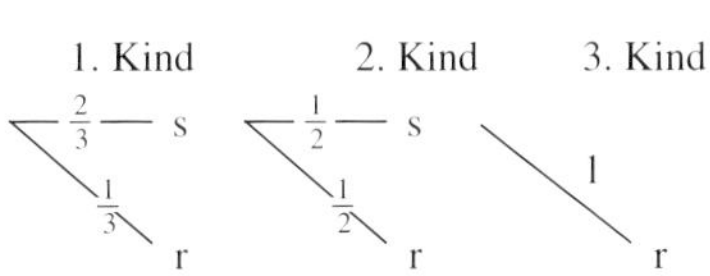

P(1. Kind – rote Karte) $= \frac{1}{3}$

P(2. Kind – rote Karte) $= \frac{2}{3} \cdot \frac{1}{2} = \frac{1}{3}$

P(3. Kind – rote Karte) $= \frac{2}{3} \cdot \frac{1}{2} \cdot 1 = \frac{1}{3}$

Das Verfahren ist gerecht, da alle die gleiche Wahrscheinlichkeit haben.

b) $P = \frac{1}{3} \cdot \frac{1}{3} = 0{,}111$

c) $P = (\frac{1}{3})^7 = 0{,}000457 = 4{,}57 \cdot 10^{-4}$

5. a)

	kein Stau	genau ein Stau	zwei Staus
Weg 1	0,4	0,5	0,1
Weg 2	0,175	0,725	0,1

b) Für Weg 1 beträgt die Wahrscheinlichkeit, in mindestens einen Stau zu geraten 0,6, während diese Wahrscheinlichkeit für Weg 2 bei 0,825 liegt. Daher ist Weg 1 zu empfehlen.

6. a)

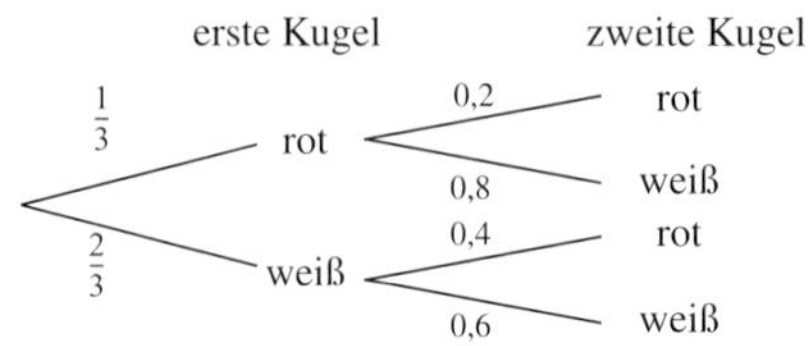

b) $P(A) = 0{,}4$; $P(B) = \frac{8}{15}$; $P(C) = 0{,}6$

7.3 Teste dich selbst

Pflichtaufgaben

Seite 71

1. a) 30 b) B, C und D sind Würfelnetze. A ist kein Würfelnetz, da A nur aus 5 Flächen besteht.
c) $8{,}15 \cdot 10^8$; $4{,}7 \cdot 10^{-3}$ d) 8,4 *l* e) $x^2y^2z^2 = (xyz)^2$ f) $x = 2$
g) (4; 0) h) $\alpha = 90°$; $\beta = 35°$ i) $t = \sqrt{\frac{2s}{a}}$ j) $0{,}\overline{4}$

2. a) I: (1; 6), (6; 1)
II: (– 1; 0), (1; 6)
I und II: (1; 6)

b)

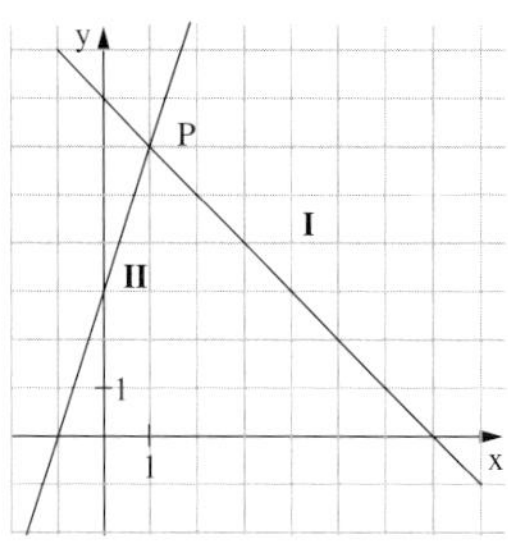

c) P(1; 6)

3. a) z = 20,31 €
b) 66,19 €
c) ≈ 7,05 %

4. a) (WWW); (WWZ); (WZZ); (ZZZ) Es wird hier nicht die Reihenfolge der Wurfergebnisse berücksichtigt.
b) $P(A) = 0{,}375$; $P(B) = 0{,}5$; $P(C) = 0{,}125$

Wahlaufgaben

Seite 72

5.1. a)

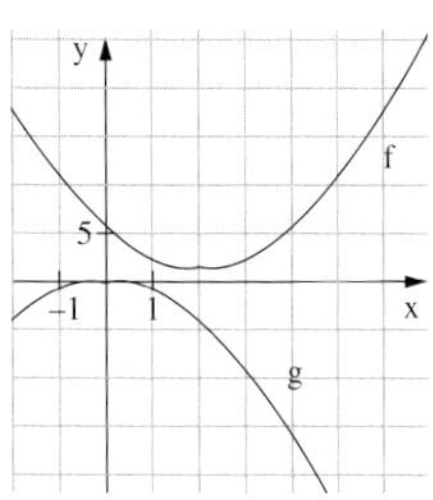

b) Die Graphen von f und g schneiden sich nicht, da alle Funktionswerte von f positiv sind und die Funktion g für x = 0 ihren maximalen Wert y = 0 annimmt.

c) $x_1 = 7$; $x_2 = -3$

5.2 Die Seitenlängen betragen 55 cm und 80 cm.

5.3 a) $\overline{DF} = 600$ m
$\overline{DE} \approx 1974$ m
b) $A \approx 1{,}5\ km^2$
c) 9429 Sträucher
d)

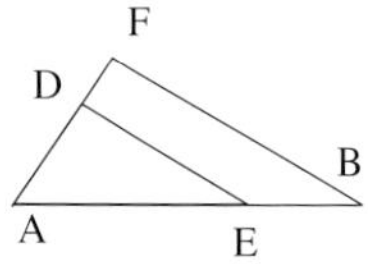

Maßstab: 1 : 150 000

5.4 a) V = 739,5 *l*
c) nach acht Tagen

b)

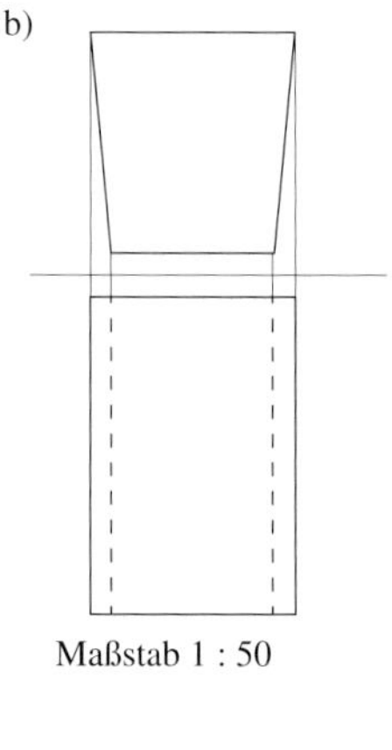

Maßstab 1 : 50

4. Ermittle die Gleichungen der linearen Funktionen rechnerisch, wenn die Graphen der Funktionen jeweils durch die Punkte A und B verlaufen!

a) A(1; 2) B(4; 5) b) A(2; –2) B(–2; 0) c) A(–4; 1) B(0; 4) d) A(3; 4,5) B(–3; 0,5) e) A(–0,5; –2) B(–2; –5)

5. Berechne die Koordinaten des Schnittpunktes der beiden Graphen! Kontrolliere deine Rechnung jeweils durch eine Zeichnung!

a) $y_1 = 2x + 1$, $y_2 = -x - 2$ b) $y_1 = -\frac{2}{3}x + 3$, $y_2 = 2x - 5$ c) $y_1 = -x - 3$, $y_2 = \frac{1}{3}x + 1$ d) $y_1 = -\frac{1}{2}x$, $y_2 = -2$

6. Berechne die Schnittpunkte der folgenden Funktionsgraphen mit den Koordinatenachsen! Zeichne die Graphen und kontrolliere jeweils deine Rechnung!

a) $y = f(x) = x - 2$ b) $y = g(x) = \frac{1}{4}x - 1$ c) $y = h(x) = 1{,}5x + 3$

7. Berechne die Nullstellen der Funktionen!

a) $f_1(x) = 3x - 6$ b) $f_2(x) = -2x - 1$ c) $f_3(x) = 2{,}5x + 2$
d) $f_4(x) = \frac{1}{2}x - \frac{1}{4}$ e) $f_5(x) = -\frac{2}{3}x + 6$ f) $f_6(x) = -x + 3{,}5$

8.
a) Gib die Koordinaten der Punkte A, B, C, D, E an!
b) Gib die Funktionsgleichungen der Geraden an!
c) Ermittle den Abstand des Punktes B von der x-Achse!
d) Welchen Abstand hat der Punkt D von der y-Achse?
e) Berechne den Abstand des Punktes A vom Koordinatenursprung!
f) Ermittle die Länge der Strecke $\overline{CD}$ rechnerisch!
g) Lies die Nullstellen der Funktionen f(x) und g(x) aus der Zeichnung ab!
h) Berechne die Nullstelle der Funktion h(x)!

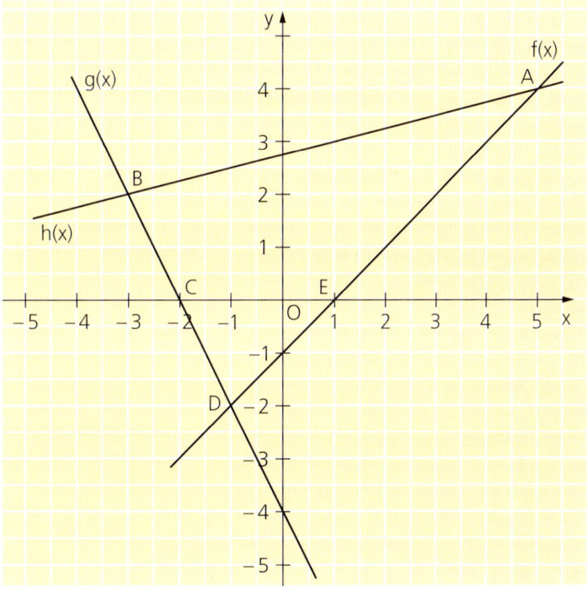

i) Welchen Winkel bildet die Gerade f(x) mit der x-Achse?
j) Berechne den Flächeninhalt des Dreiecks CDE!

9.
a) Zeichne die Graphen zweier linearer Funktionen f_1 und f_2 in ein und dasselbe rechtwinklige Koordinatensystem (Einheit 1 cm)! Die Funktion f_1 ist durch die Gleichung $f_1(x) = 2x - 1$ gegeben. Das Bild der Funktion f_2 verläuft durch die Punkte A(3; 1,5) und B(–4,5; 4).
b) Gib die Gleichung der Funktion f_2 an!
c) Der Graph der Funktion f_1 schneidet den Graphen der Funktion f_2 im Punkt S. Bestimme die Koordinaten des Schnittpunktes durch Ablesen und durch Rechnung!
d) Berechne die Winkel, die die Graphen der Funktionen f_1 und f_2 miteinander bilden!
e) Zeichne den Graphen einer weiteren linearen Funktion f_3 in das Koordinatensystem, der mit dem Graphen der Funktion f_2 eine gemeinsame Eigenschaft haben soll!

4.2 Quadratische Funktionen

Quadratische Funktionen mit der Gleichung $y = f(x) = ax^2$

Der Graph der Funktion $y = x^2$ heißt Normalparabel. Die Graphen der Funktionen entstehen durch Strecken bzw. Stauchen der Normalparabel in y-Richtung. Man sagt, die Normalparabel wird **gestreckt,** wenn $|a| > 1$ bzw. die Normalparabel wird **gestaucht,** wenn $|a| < 1$.
Wechselt das Vorzeichen von a, so entsteht der neue Graph durch **Spiegelung** an der x-Achse.

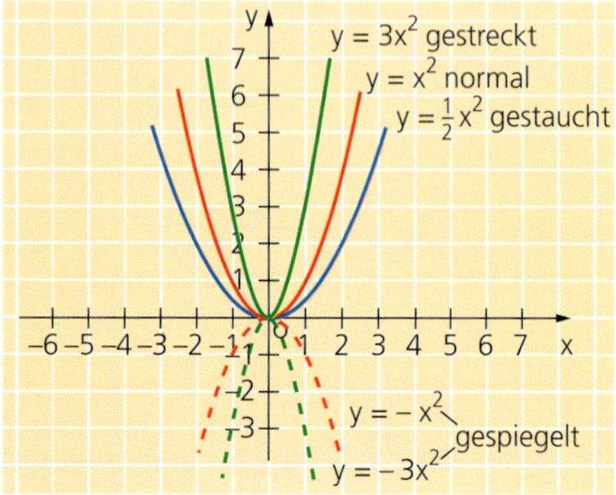

Quadratische Funktionen mit der Gleichung $y = f(x) = (x + d)^2 + e$

Graphen von Funktionen der Form $y = f(x) = (x + d)^2 + e$ entstehen aus den Graphen von $y = f(x) = x^2$ durch Verschiebung um e in Richtung der y-Achse und um −d in Richtung der x-Achse. Sie besitzen den Scheitelpunkt S(−d; e).

Quadratische Funktionen mit der Gleichung $y = f(x) = x^2 + px + q$

Der Graph der Funktion $y = f(x) = x^2 + px + q$ ist eine **Normalparabel.**
Ihr **Scheitelpunkt** hat die Koordinaten: $S(-\frac{p}{2}; -D)$ mit $D = \left(\frac{p}{2}\right)^2 - q$

Zeichne den Graphen der Funktion $y = x^2 + 3x - 2$!

$p = 3; -\frac{p}{2} = -\frac{3}{2} = -1{,}5$ $\quad$ $q = -2$

$D = -\left(\frac{3}{2}\right)^2 + 2 = 2{,}25 + 2 = 4{,}25$

$S(-\frac{p}{2}; -D)$, also $S(-1{,}5; -4{,}25)$

Punktprobe:

$-4{,}25 = (-1{,}5)^2 + 3 \cdot (-1{,}5) - 2 = -4{,}25$ w. A.

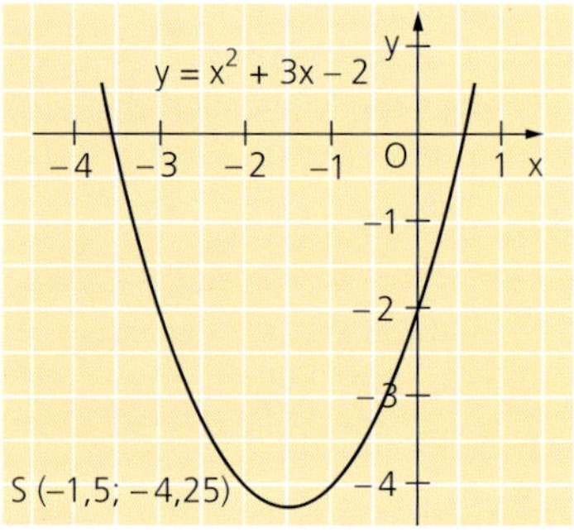

Nullstellen der quadratischen Funktion $y = f(x) = x^2 + px + q$

Nullstellen einer Funktion können grafisch und rechnerisch bestimmt werden. Zur grafischen Ermittlung werden aus der Dartstellung der Funktion im Koordinatensystem die x-Werte (Abszissen) der Schnittpunkte des Graphen mit der x-Achse abgelesen.
Zur Berechnung der Nullstellen wird in der Funktionsgleichung y = 0 gesetzt. Damit wird das Bestimmen der Nullstellen auf das Lösen der quadratischen Gleichung $0 = x^2 + px + q$ zurückgeführt.

Beispiel: $y = x^2 - 4x + 3$

$0 = x^2 - 4x + 3$

$x_1 = \frac{4}{2} - \sqrt{2^2 - 3} = 2 - 1 = 1$

$x_2 = \frac{4}{2} + \sqrt{1} = 2 + 1 = 3$

allgemein: $y = x^2 + px + q$

$0 = x^2 + px + q$

Lösungen für $(\frac{p}{2})^2 - q \geq 0$:

$x_1 = -\frac{p}{2} - \sqrt{\left(\frac{p}{2}\right)^2 - q}$

$x_2 = -\frac{p}{2} + \sqrt{\left(\frac{p}{2}\right)^2 - q}$

Die Funktion $y = x^2 - 4x + 3$ hat die Nullstellen $x_1 = 1$ und $x_2 = 3$.

Die Anzahl der Nullstellen und das Vorhandensein von Nullstellen der quadratischen Funktion ergibt sich aus dem Wert des Terms $(\frac{p}{2})^2 - q$. Dieser Term heißt **Diskriminante.**

Die quadratische Funktion $y = f(x) = x^2 + px + q$ besitzt

- zwei Nullstellen, wenn $(\frac{p}{2})^2 - q > 0$
- eine Nullstelle, wenn $(\frac{p}{2})^2 - q = 0$
- keine Nullstelle, wenn $(\frac{p}{2})^2 - q < 0$ ist.

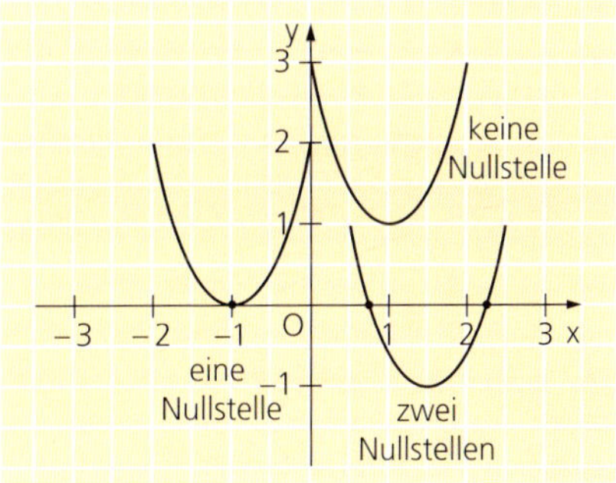

Aufgaben

1. Skizziere die Graphen der Funktion $y = ax^2$ jeweils in ein Koordinatensystem und beschreibe den Einfluss des Parameters a auf den Verlauf der Parabel im Vergleich zur Normalparabel!

a) $f_1(x) = 2x^2$ b) $f_2(x) = \frac{1}{2}x^2$ c) $f_3(x) = -x^2$ d) $f_4(x) = -\frac{3}{2}x^2$

2. Entscheide ohne zu zeichnen, ob die folgenden Funktionen Nullstellen besitzen! Berechne die Nullstellen! Unter welchen Bedingungen besitzt die Funktion $f(x) = x^2 + e$ genau zwei, genau eine bzw. keine Nullstelle?

a) $f_1(x) = x^2 - 1$ b) $f_2(x) = x^2 + 4$ c) $f_3(x) = x^2 - \frac{1}{4}$ d) $f_4(x) = x^2$

3. Setze in die Funktionsgleichung $f(x) = x^2 + e$ für e Zahlen so ein, dass die Funktion folgende Nullstellen besitzt!

a) genau zwei Nullstellen b) die Nullstellen $x_1 = 1{,}5$ und $x_2 = -1{,}5$
c) keine Nullstellen d) genau eine Nullstelle

4. Zeichne die Graphen folgender Funktionen! Lege zuerst den Scheitelpunkt fest!

a) $y = f(x) = (x + 1)^2 - 1$ b) $y = f(x) = (x + 1{,}5)^2$ c) $y = f(x) = (x - 3)^2 + 2$

5. Bestimme die Koordinaten des Scheitelpunktes folgender Funktionen!

a) $f(x) = (x - 6)^2 - 1{,}5$ b) $f(x) = (x + 1{,}2)^2$ c) $f(x) = (x + 1)^2 - 3{,}5$
d) $f(x) = x^2 + 3$ e) $f(x) = (x - 0{,}5)^2 + 1$ f) $f(x) = x^2 - 9$
g) $f(x) = x^2 + e$ h) $f(x) = (x + d)^2$ i) $f(x) = (x + d)^2 + e$

6. Berechne die Nullstellen der folgenden Funktionen!

a) $f(x) = x^2 - 1$ b) $f(x) = (x - \frac{1}{4})^2$ c) $f(x) = x^2 + 4$
d) $f(x) = (x + 5)^2 - 4$ e) $f(x) = (x + 1)^2 + 2$ f) $f(x) = (x - 7)^2 - 1$

7. Gib Funktionsgleichungen an, deren Graphen die folgenden Eigenschaften besitzen! Der Graph sei eine verschobene Normalparabel.

a) Der Graph von $f_1(x)$ hat den Scheitelpunkt (–2,5; 1).

b) Der kleinste Funktionswert von $f_2(x)$ ist $f(-4) = -3$.

c) Die Schnittpunkte des Graphen von $f_3(x)$ mit der x-Achse liegen bei (1; 0) und (3; 0).

d) Der Graph $f_4(x)$ schneidet die y-Achse im Punkt P(0; 3). Eine Nullstelle ist $x_0 = -1$.

8. Durch Spiegelung des Graphen der Funktion $f_1(x) = (x - 2)^2 - 1$ an der x-Achse entsteht das Bild einer Funktion $f_2(x)$.

a) Bestimme die Gleichung von $f_2(x)$!

b) Zeichne die beiden Funktionen $f_1(x)$ und $f_2(x)$ in ein gemeinsames Koordinatensystem! Gib die Koordinaten der Scheitelpunkte an!

c) Lies die Koordinaten der Schnittpunkte mit den Koordinatenachsen ab!

d) Gib die Nullstellen beider Funktionen an!

e) Welche gemeinsamen Punkte besitzen die beiden Graphen?

9. Forme die Funktionsgleichungen in die Normalform um!

a) $f(x) = (x - 1)^2 - 2$ b) $f(x) = (x + 4)^2 + 3$ c) $f(x) = (x - 0{,}5)^2$

d) $f(x) = (x + 3)^2 - 1$ e) $f(x) = (x + 6)^2 - 5$ f) $f(x) = (x + 5)^2 - 1{,}5$

10. Berechne die Nullstellen der quadratischen Funktionen $y = f(x) = ax^2 + e$!

a) $f_1(x) = 3x^2 - 12$ b) $f_2(x) = 4x^2 - 1$ c) $f_3(x) = -0{,}25x^2 + 9$ d) $f_4(x) = -5x^2 - 2$

11. Bringe die Funktionsgleichungen in die Form $y = (x + d)^2 + e$!

a) $y = x^2 - 4x + 3$ b) $y = x^2 + 10x + 26$ c) $y = x^2 - 3x + 2$

d) $y = x^2 - 2x + 1$ e) $y = x^2 + 6x + 4$ f) $y = x^2 + 2x$

g) $y = x^2 + 8x + 15$ h) $y = x^2 + x - 6$ i) $y = x^2 - 4x$

12. Berechne die Nullstellen folgender Funktionen!

a) $f(x) = x^2 - 3x + 2$ b) $f(x) = x^2 - 2x - 3$ c) $f(x) = x^2 + 2x + 1$

d) $f(x) = x^2 - 2x + 2$ e) $f(x) = x^2 + 5x$ f) $f(x) = x^2 - 1$

g) $f(x) = x^2 + x + \frac{1}{4}$ h) $f(x) = x^2 + 2x + 5$ i) $f(x) = x^2 - 1{,}5x - \frac{7}{16}$

13. Gib jeweils eine Gleichung einer quadratischen Funktion der Form $y = x^2 + px + q$ an!

a) Der Scheitelpunkt der zugehörigen Normalparabel liegt bei S(4; –3).

b) Die Funktion hat Nullstellen bei $x_1 = 5$ und $x_2 = 7$.

c) Der Scheitelpunkt hat den Funktionswert 2. Die Parabel schneidet die y-Achse in P(0; 6).

d) Der Scheitelpunkt liegt auf der x-Achse.

14. Gegeben sind zwei Funktionen f_1 und f_2 durch die Gleichungen $y = f_1(x) = (x - 1)^2 - 4$ und $y = f_2(x) = -x - 1$ mit $x \in \mathbb{R}$.

a) Der Graph der Funktion f_1 ist eine Parabel. Ermittle die Koordinaten des Scheitelpunktes und zeichne den Graphen der Funktion mindestens im Intervall $-2 \le x \le 4$!

b) Gib den Wertebereich der Funktion an!

c) Berechne die Nullstellen der Funktion!

d) Zeichne den Graphen der Funktion f_2 in dasselbe Koordinatensystem wie f_1!

e) Lies die Nullstelle der Funktion f_2 aus der Zeichnung ab!

f) Die Graphen der Funktion f_1 und f_2 schneiden einander in den Punkten A und B. Gib die Koordinaten dieser Schnittpunkte an!

g) Berechne die Länge der Strecke $\overline{AB}$!

5 Geometrie

5.1 Winkel, Dreiecke, Vierecke und Kreise

Stufenwinkelsatz

Stufenwinkel an geschnittenen Parallelen sind gleich groß.

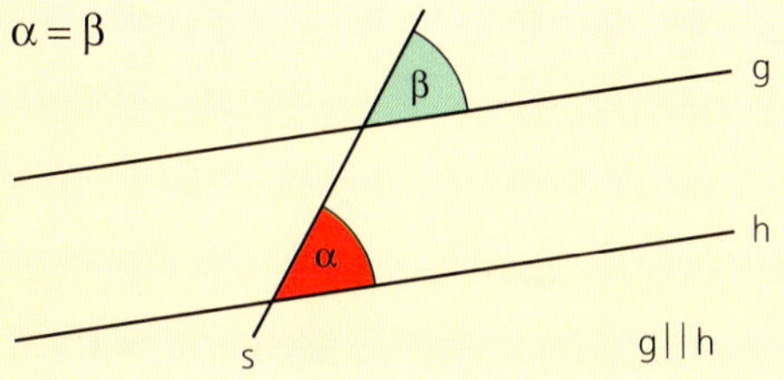

Wechselwinkelsatz

Wechselwinkel an geschnittenen Parallelen sind gleich groß.

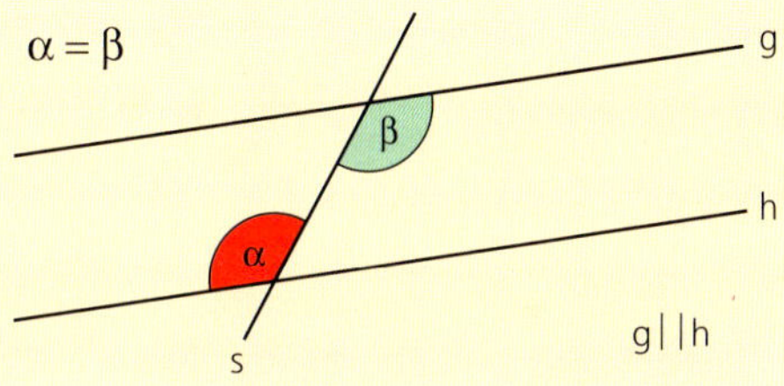

Dreiecksungleichung

In jedem Dreieck sind zwei Seiten zusammen länger als die dritte Seite.

Seiten-Winkel-Beziehung

In jedem Dreieck liegt der größeren von zwei Seiten der größere Winkel gegenüber.

Wenn $c > a$, dann gilt auch $\gamma > \alpha$.

Wenn $\gamma > \alpha$, dann gilt auch $c > a$.

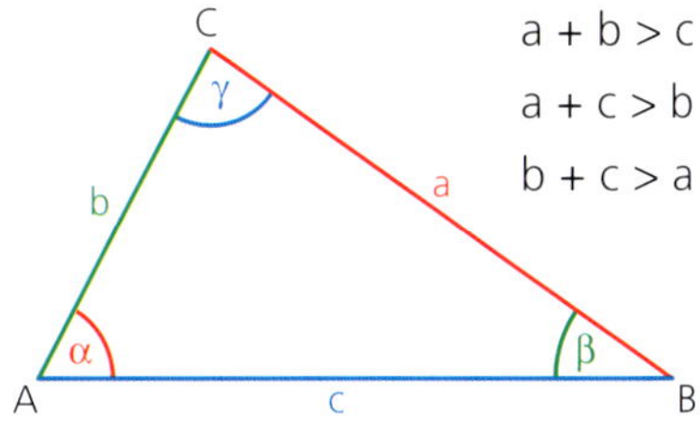

$a + b > c$

$a + c > b$

$b + c > a$

Eigenschaften gleichschenkliger und gleichseitiger Dreiecke

Im gleichschenkligen Dreieck sind die Basiswinkel gleich groß. (Basiswinkelsatz)

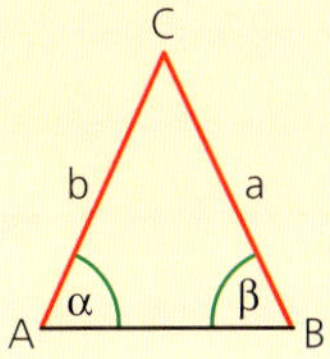

$a = b$ und $\alpha = \beta$

Im gleichseitigen Dreieck sind alle Winkel gleich groß und betragen jeweils 60°.

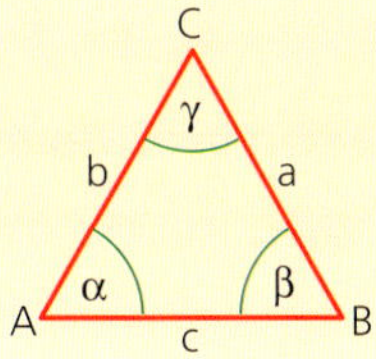

$a = b = c$ und

$\alpha = \beta = \gamma = 60°$

Winkelsumme im Viereck

Die Summe der Innenwinkel in jedem Viereck beträgt stets 360°.

$\alpha + \beta + \gamma + \delta = 360°$

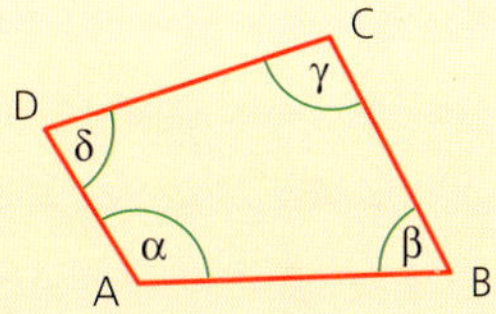

Kongruenzsätze für Dreiecke

1. Zwei Dreiecke sind zueinander kongruent, wenn sie in allen drei Seiten übereinstimmen **(sss).**
2. Zwei Dreiecke sind zueinander kongruent, wenn sie in zwei Seiten und dem eingeschlossenen Winkel übereinstimmen **(sws).**
3. Zwei Dreiecke sind zueinander kongruent, wenn sie in einer Seite und den beiden anliegenden Winkeln übereinstimmen **(wsw).**
4. Zwei Dreiecke sind zueinander kongruent, wenn sie in zwei Seiten und dem der größeren Seite gegenüberliegenden Winkel übereinstimmen **(SsW).**

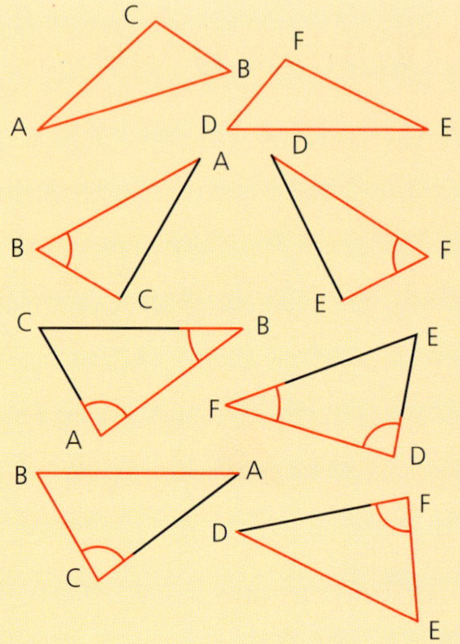

Hauptähnlichkeitssatz für Dreiecke

Zwei Dreiecke sind zueinander ähnlich, wenn sie in zwei Winkeln übereinstimmen.

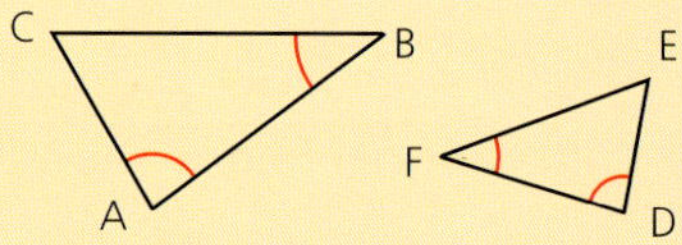

Sätze am Kreis

Satz des Thales: Jeder Peripheriewinkel über einem Halbkreis ist ein rechter Winkel.

Es gilt: $\gamma = 90°$

Peripheriewinkelsatz: Alle Peripheriewinkel über demselben Kreisbogen sind gleich groß.

Es gilt: $\gamma_1 = \gamma_2 = \gamma_3 = \gamma_4$

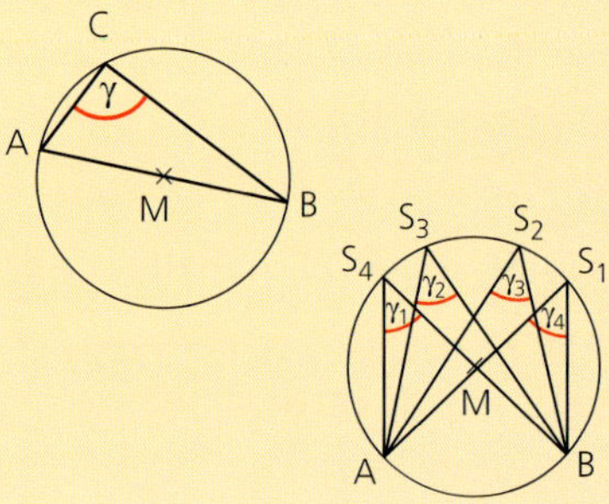

Anwenden der Kongruenzsätze beim Beweisen

Auf einem Kreis mit dem Mittelpunkt M liegen die Punkte E, F, G, H.
Sind die in der Zeichnung dargestellten Dreiecke FME und HMG zueinander kongruent?
Begründe deine Aussage!

Feststellung	*Begründung*
$\overline{EM} = \overline{FM} = \overline{GM} = \overline{HM}$	Radien im gleichen Kreis
$\sphericalangle$ FME ≅ $\sphericalangle$ HMG	Scheitelwinkel
△ FME ≅ △ HMG	Kongruenzsatz sws

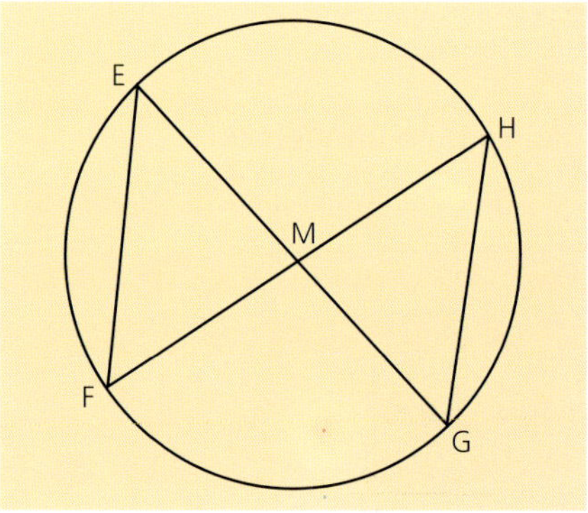

Aufgaben

1. Gib die fehlenden Winkelgrößen an! ($g \parallel h$)

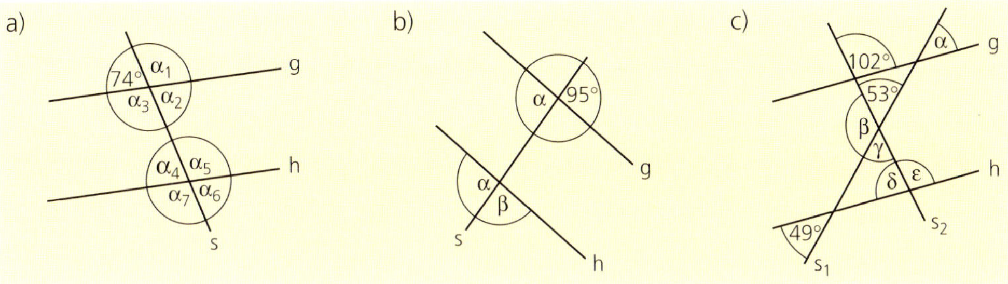

2. Vergleiche jeweils die Größe der den angegebenen Seiten gegenüberliegenden Innenwinkel eines Dreiecks ABC!

a) $a = 4$ cm, $b = 7$ cm
b) $a = 9$ cm, $c = 6$ cm
c) $b = 4{,}3$ cm, $c = 7{,}9$ cm
d) $a = 5{,}5$ cm, $b = 5{,}5$ cm
e) $b = 16{,}4$ cm, $c = 3{,}6$ cm

3. Welche der folgenden Dreiecke ABC sind nicht konstruierbar? Begründe!

a) $a = 5$ cm, $b = 6$ cm, $c = 7$ cm
b) $c = 3{,}8$ cm, $b = 7{,}8$ cm, $\gamma = 35°$
c) $a = 12{,}8$ cm, $c = 5{,}4$ cm, $\alpha = 100°$
d) $a = 5{,}5$ cm, $a = b$, $\gamma = 70°$
e) $\alpha = 40°$, $\gamma = 60°$, $\beta = 80°$

4. Wie groß sind die beiden anderen Winkel in einem gleichschenkligen Dreieck?

a) Der Winkel an der Spitze beträgt 110°.
b) Ein Basiswinkel beträgt 70°.

5. Berechne die Größe der Winkel α, β und γ in den gleichschenkligen Dreiecken!

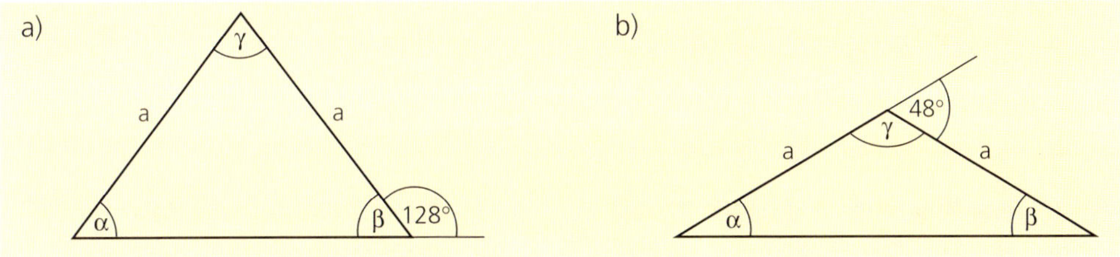

6. Begründe, warum es keine Dreiecke ABC mit folgenden Maßen geben kann! Verändere jeweils eine der Größen so, dass ein Dreieck ABC eindeutig konstruierbar ist!

a) $\overline{AB} = c = 8{,}0$ cm; $\overline{AC} = b = 9{,}0$ cm; $\sphericalangle ACB = \gamma = 100°$
b) $\overline{AB} = c = 4{,}5$ mm; $\overline{AC} = b = 90$ mm; $\overline{BC} = a = 1{,}45$ dm

7. Untersuche die folgenden Figuren auf zueinander kongruente Dreiecke! Begründe! Gib jeweils den entsprechenden Kongruenzsatz an! Stücke mit gleicher Farbe sollen gleich sein.

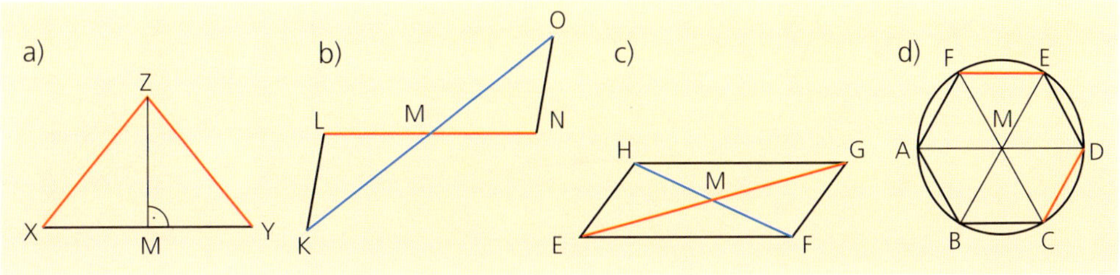

8. Für die nebenstehende Zeichnung gilt: $\overline{AC} = \overline{BD}$
Zeige, dass die Dreiecke ABD und ABC zueinander kongruent sind! Begründe!

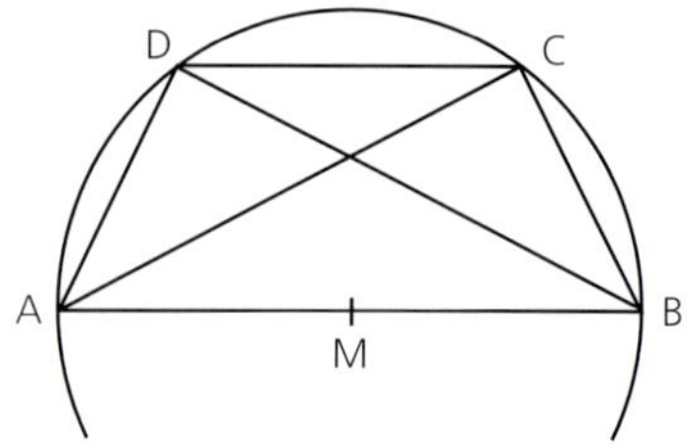

9. Sind folgende Aussagen wahr?
- a) Jedes Quadrat ist ein Rechteck.
- b) Jedes Rechteck ist ein Quadrat.
- c) Jedes Quadrat ist ein Rhombus.
- d) Jeder Rhombus ist ein Trapez.
- d) Im Quadrat halbieren die Diagonalen einander.
- e) Verdoppelt sich die Seitenlänge eines Quadrates, so verdoppelt sich auch der Umfang des Quadrates.
- f) Wenn sich die Seitenlängen eines Rechtecks verdoppeln, so verdoppelt sich auch der Flächeninhalt des Rechtecks.
- g) Wenn sich die Diagonalenlängen eines Quadrates verdoppeln, so verdoppelt sich auch der Umfang des Quadrates.
- h) Wenn sich die Diagonalenlängen eines Quadrates verdoppeln, so verdoppelt sich auch der Flächeninhalt des Quadrates.

10. Ein Innennwinkel eines Parallelogramms beträgt 65°. Wie groß sind die anderen Innenwinkel?

11. Ermittle die Größe der gekennzeichneten Winkel! (Skizzen nicht maßstäblich.)

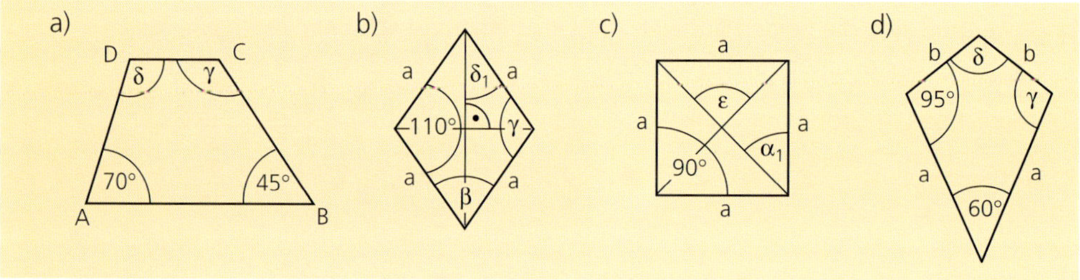

12. Nenne Beispiele für Vierecke, die folgende Eigenschaften besitzen!
- a) Zwei Seiten sind zueinander parallel.
- b) Alle Innenwinkel sind gleich groß.
- c) Die Diagonalen halbieren einander.
- d) Es hat keine Symmetrieachsen.
- e) Alle Seiten sind gleich lang.
- f) Es hat genau vier Symmetrieachsen.

13. Ermittle die Größen der gekennzeichneten Winkel!

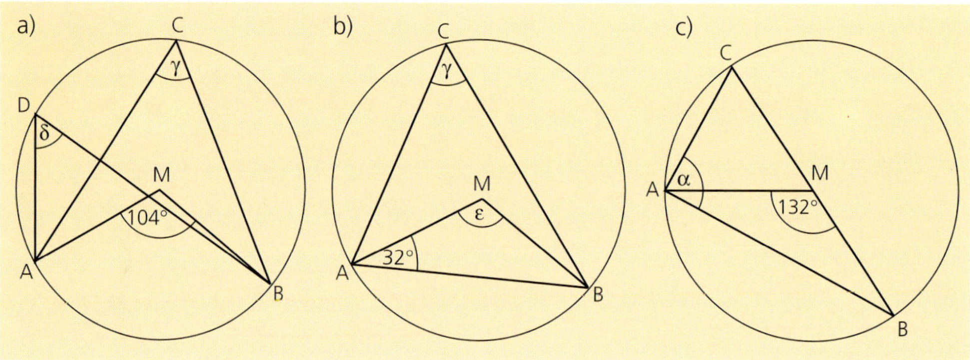

5.2 Geometrische Konstruktionen

Bei der Konstruktion von ebenen Figuren, z. B. von Dreiecken, Vierecken und Kreisen, ist es günstig, zunächst eine **Planfigur** zu skizzieren und darin die gegebenen Stücke hervorzuheben.

Konstruiere ein Dreieck aus den Seiten $b = 4{,}7$ cm und $c = 6{,}1$ cm und dem Winkel $\gamma = 58°$!

Planfigur

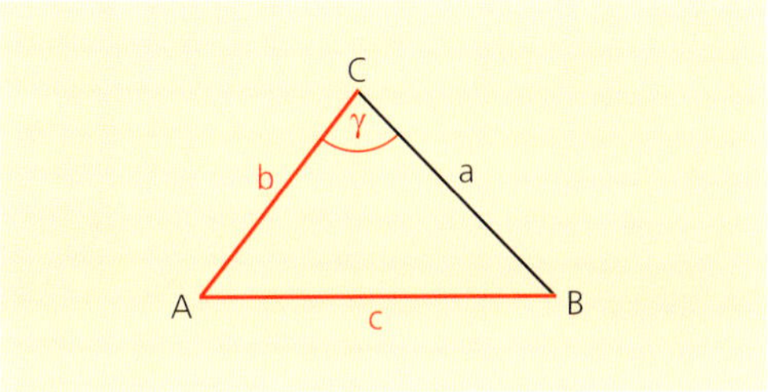

Lösungsplan

- Die Punkte A und C sind durch die gegebene Strecke $b = 4{,}7$ cm festgelegt.
- Der Punkt B liegt auf dem freien Schenkel des Winkels $\gamma = 58°$ und auf dem Kreis um A und mit dem Radius $r = 6{,}1$ cm.

Konstruktion

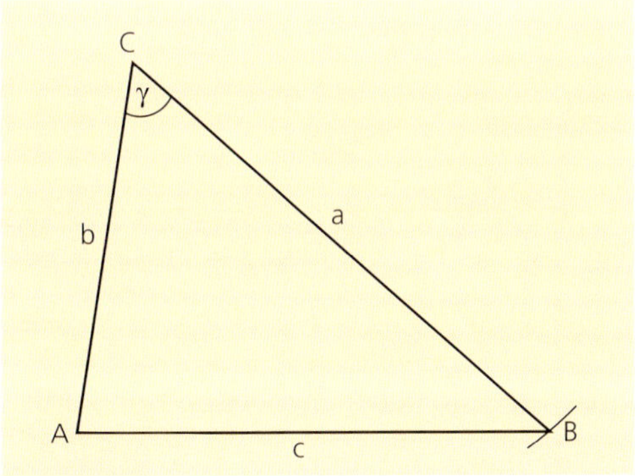

Kontrolle

Der Kreis um C schneidet den Strahl (Schenkel des Winkels) nur in einem Punkt. Das Dreieck ist eindeutig bestimmt.

Konstruiere ein rechtwinkliges Dreieck ABC mit C als Scheitelpunkt des rechten Winkels, $c = 5{,}0$ cm und $\beta = 30°$!

Planfigur

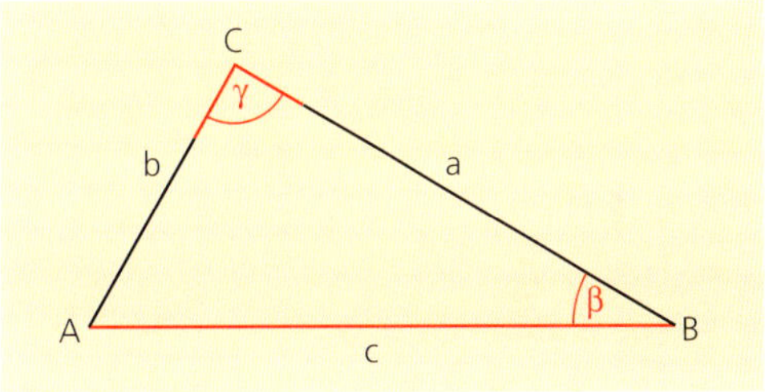

Lösungsplan

- A und B sind durch $c = 5{,}0$ cm festgelegt.
- Der Punkt C liegt auf dem Thaleskreis über der Strecke $\overline{AB}$. Der Mittelpunkt M der Seite c ist auch Mittelpunkt des Thaleskreises.
- Der Punkt C liegt außerdem auf dem freien Schenkel des Winkels $\beta = 30°$.

Konstruktion

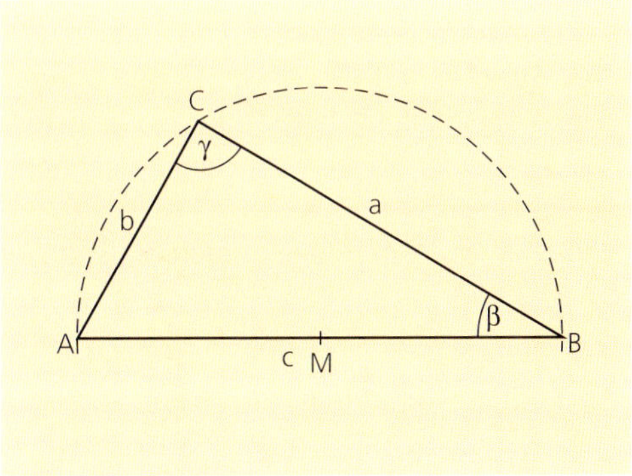

Kontrolle

Es gibt nur eine Lösung, weil mit $\gamma = 90°$ der größere Winkel der größeren gegebenen Seite, der Hypotenuse c, gegenüberliegt. Der rechte Winkel kann mit dem Geodreieck kontrolliert werden.

Soll eine Figur durch eine **zentrische Streckung** mit dem **Streckungszentrum** Z und dem **Streckungsfaktor** k vergrößert oder verkleinert werden, so bestimmt man des Bild P' eines Punktes P nach folgendem Lösungsplan:

P' liegt auf dem Strahl ZP und auf dem Kreis um Z mit dem Radius $\overline{ZP'} = k \cdot \overline{ZP}$.

Nachdem man das Bild eines der Punkte der Originalfigur bestimmt hat, kann man für alle weiteren Punkte als zweite Bestimmungslinie eine Parallele verwenden, da Original- und Bildgerade bei einer zentrischen Streckung stets zueinander parallel sind.

Gegeben ist ein Rechteck ABCD mit $\overline{AB} = 2{,}5$ cm und $\overline{BC} = 2$ cm. Der Punkt Z ist Mittelpunkt der Strecke $\overline{AD}$. Führe die zentrische Streckung (Z; 2) aus! Es ist die Streckung mit dem Zentrum Z und dem Streckungsfaktor k = 2.

Lösungsplan:

1. A' liegt auf
   - dem Strahl ZA und
   - einem Kreis um Z mit dem Radius $\overline{ZA'} = 2$ cm.
2. B' liegt auf
   - dem Strahl ZB und
   - einer Parallelen zu AB durch A'.
3. C' liegt auf
   - dem Strahl ZC und
   - einer Parallelen zu BC durch B'.
4. D' liegt auf
   - dem Strahl ZD und
   - einer Parallelen zu DC durch C'.

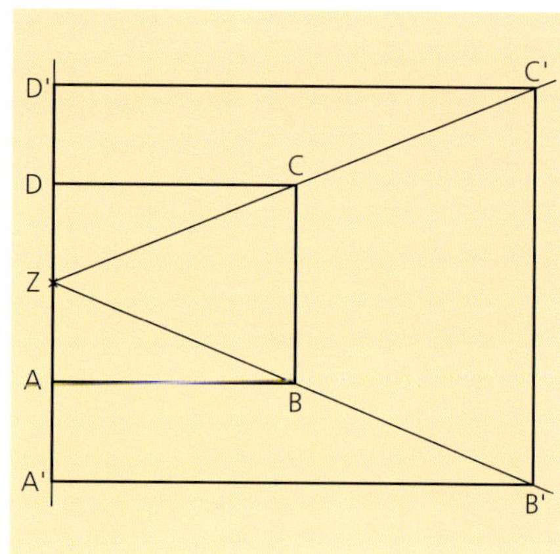

Um eine *maßstäbliche Konstruktion* durchzuführen, geht man in folgenden Schritten vor:
1. Alle Strecken auf die gleiche Einheit bringen.
2. Einen geeigneten Maßstab für die längste Seite bestimmen.
3. Die Länge der übrigen Strecken berechnen.

Konstruiere in einem geeigneten Maßstab ein Dreieck ABC mit a = 1200 m; b = 2,6 km und c = 3300 m!

Umwandlung der Einheiten: a = 1,2 km; b = 2,6 km; c = 3,3 km

Das Format A4 hat maximal 16 cm. Somit sind für die Seite c folgende Zuordnungen möglich:

	Zuordnungen	Original → Zeichnung	Zeichnung → Original	Maßstab
a)	3,3 km ≙ 6,6 cm	1 km ≙ 2 cm	1 cm ≙ 0,5 km = 50 000 cm	1 : 50 000
b)	3,3 km ≙ 9,9 cm	1 km ≙ 3 cm	1 cm ≙ $\frac{1}{3}$ km = 33 333 cm	1 : 33 333
c)	3,3 km ≙ 13,2 cm	1 km ≙ 4 cm	1 cm ≙ 0,25 km = 25 000 cm	1 : 25 000

Bei b) ergibt sich für die übrigen Strecken: a ≙ 3 · 1,2cm = 3,6 cm und b ≙ 3 · 2,6 cm = 7,8 cm

Aufgaben

1. Zeichne für a); b) und c) jeweils ein spitzwinkliges, ein rechtwinkliges und ein stumpfwinkliges Dreieck ABC mit der Seite $c = 7{,}0$ cm!
a) Zeichne in jedes Dreieck mithilfe des Geodreiecks alle Höhen ein!
b) Konstruiere mit dem Zirkel in jedem Dreieck die Mittelsenkrechten aller Seiten!
c) Konstruiere mit dem Zirkel in jedem Dreieck die Winkelhalbierenden aller Winkel!

2. Konstruiere Dreiecke ABC aus folgenden Stücken! Gib jeweils die Dreieckart an!

a)	b)	c)	*d)
$b = 4{,}7$ cm	$a = 5{,}2$ cm	$a = 6{,}3$ cm	$\alpha = 30°$
$c = 8{,}1$ cm	$b = 6{,}5$ cm	$\beta = 64°$	$a = 3{,}2$ cm
$\alpha = 52°$	$c = 3{,}4$ cm	$\gamma = 40°$	$h_a = 4{,}3$ cm

3. Konstruiere gleichschenklige Dreiecke ABC!

a)	b)	c)
$a = b = 6{,}0$ cm	$c = 5{,}3$ cm	$c = 4{,}5$ cm
$\alpha = 40°$	Basiswinkel $\beta = 75°$	Winkel an der Spitze $\gamma = 65°$

4. Konstruiere rechtwinklige Dreiecke ABC ($\gamma = 90°$) aus folgenden Stücken!

a)	b)	c)	d)
$\overline{AB} = 6{,}0$ cm	$\overline{AB} = 5{,}4$ cm	$\overline{AB} = 8{,}5$ cm	$c = 7{,}2$ cm
$\overline{BC} = 4{,}5$ cm	$\overline{AC} = 3{,}2$ cm	$\alpha = 30°$	$h_c = 2{,}6$ cm

5. Konstruiere mithilfe des Thaleskreises ein Quadrat, dessen Diagonalen 6,8 cm lang sind!

6. Konstruiere Vierecke aus folgenden Stücken!
a) Trapez: $a = 5{,}0$ cm; $b = 4{,}5$ cm; $d = 5{,}5$ cm; $h = 4{,}0$ cm
b) Parallelogramm: $a = 2{,}8$ cm; $d = 5{,}3$ cm; $\alpha = 115°$
c) Drachenviereck: $a = 6{,}4$ cm; $b = 4{,}0$ cm; $\gamma = 55°$
d) Rhombus: $a = 3{,}5$ cm; $\beta = 130°$

7. Konstruiere einen Rhombus ($a = 3$ cm; $\alpha = 50°$)! Führe eine zentrische Streckung mit dem Streckungsfaktor $k = 2$ und dem Schnittpunkt der Diagonalen als Streckungszentrum durch!

8. Trage die Punkte A(2; 1), B(4; 2), C(3; 3) und Z(2; 2) in ein Koordinatensystem ein! Konstruiere das Bild des Dreiecks ABC bei einer zentrischen Streckung mit dem Zentrum Z ($k = 3$)!

9. Konstruiere ein regelmäßiges Sechseck ABCDEF mit der Seitenlänge $a = 4$ cm und führe eine zentrische Streckung mit dem Zentrum A und dem Streckungsfaktor $k = 0{,}5$ durch!

10. Konstruiere Dreiecke ABC aus folgenden Stücken! Gib jeweils den Maßstab an!

a)	b)	c)	d)
$b = 62$ cm	$a = 130$ m	$c = 95$ km	$a = 390$ m
$c = 88$ cm	$b = 100$ m	$\alpha = 50°$	$c = 240$ m
$\alpha = 105°$	$c = 85$ m	$\beta = 50°$	$\alpha = 75°$

5.3 Flächeninhalte und Umfänge von Figuren

Viele Flächen lassen sich nicht nur mit einer geometrischen Figur beschreiben. Es ist oft möglich, sie als zusammengesetzte Figur aufzufassen. Zur Anwendung von Flächeninhalts- und Umfangsformeln muss die zusammengesetzte Figur in Teilfiguren zerlegt oder zu einer bekannten geometrischen Figur ergänzt werden.

Aufgaben

1. Berechne den Flächeninhalt und den Umfang der folgenden Vierecke (Angaben in Millimeter)!

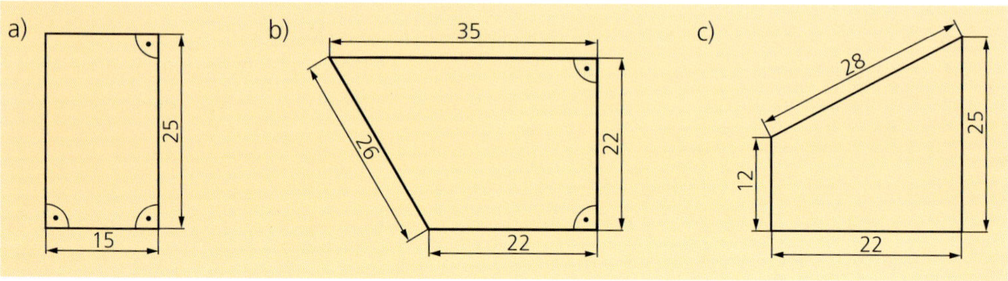

2. Berechne jeweils den Inhalt und den Umfang aller markierten Flächen!

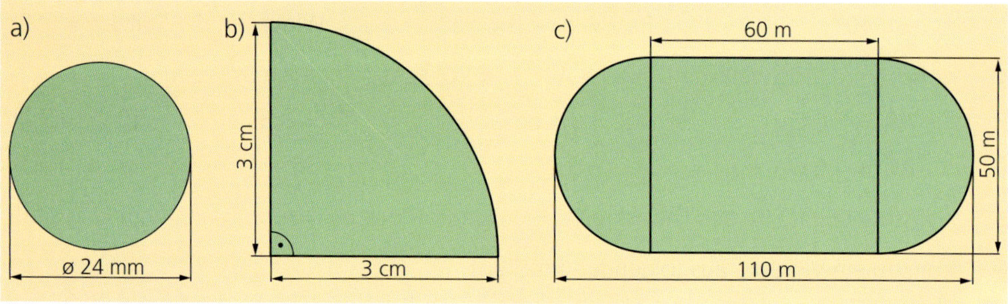

3. In manchen Häusern findet man in den Küchen noch sehr schöne alte Mosaikfußböden (siehe Skizze!).

a) Wie viele ganze Mosaiksteine wurden auf einem Quadratmeter verlegt?

b) Wie viele ganze Mosaiksteine liegen auf einer Rechteckfläche von 4 m Länge und 3 m Breite?

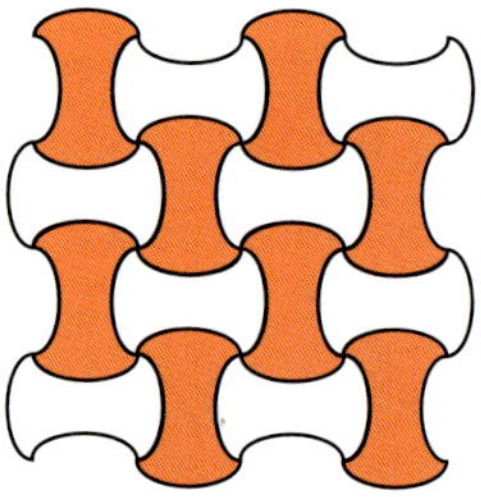

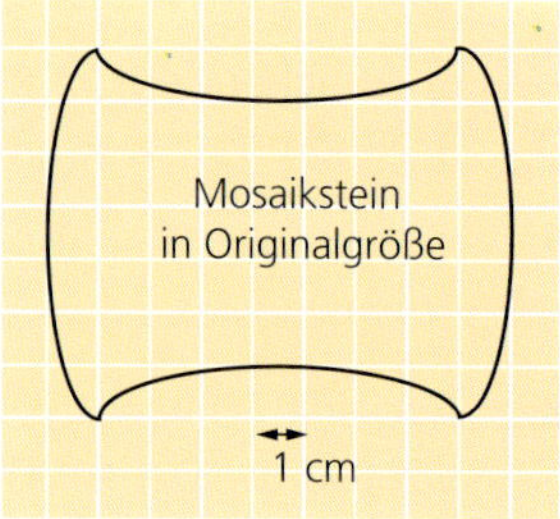

4. Familie Schmidt möchte ihr 5 m x 4 m großes Wohnzimmer durch den Anbau eines frostfreien Wintergartens vergrößern. Ein Fachmann bietet ihr verschiedene Varianten des Anbaus an.

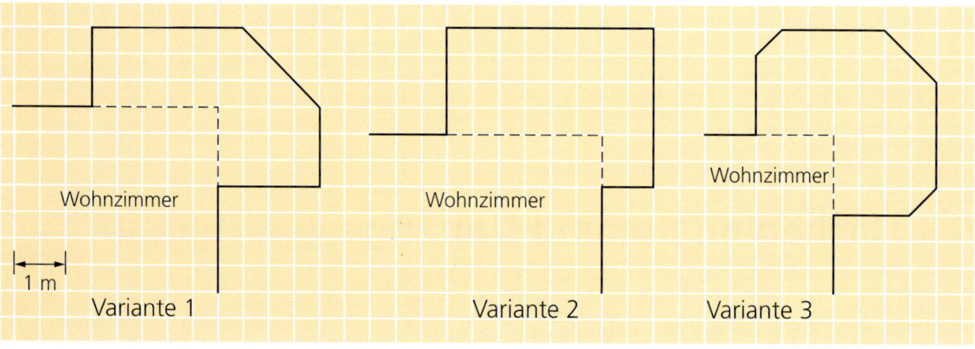

Berechne, wie viel Quadratmeter Wohnfläche Familie Schmidt bei jeder der Varianten dazu gewinnen würde!

5. Berechne die Flächeninhalte und Umfänge der abgebildeten Figuren!

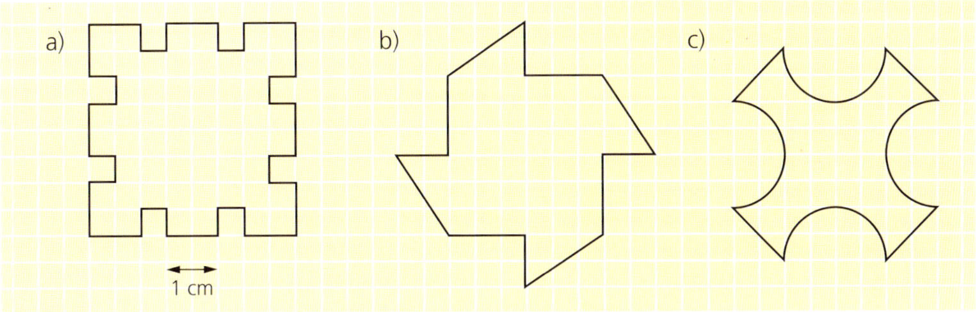

6. Berechne die Flächeninhalte und Umfänge der abgebildeten Muster für Schmuckbänder!

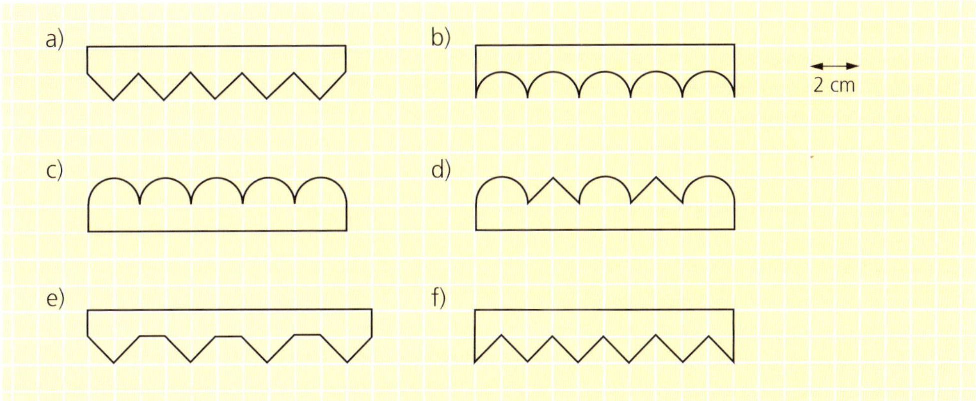

7. Berechne den Flächeninhalt der regelmäßigen Vielecke!

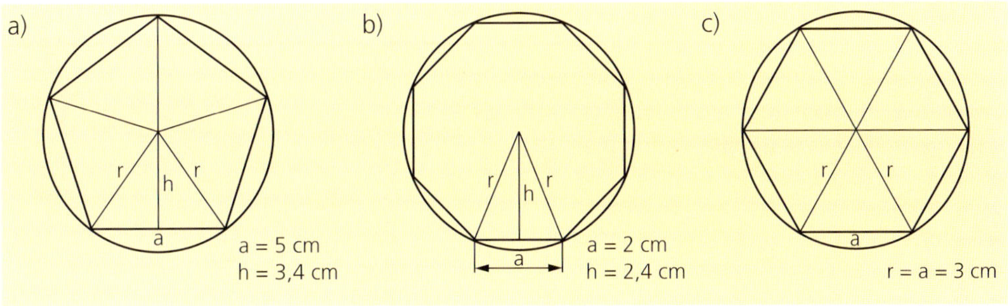

8. Berechne den Inhalt der grünen Flächen!

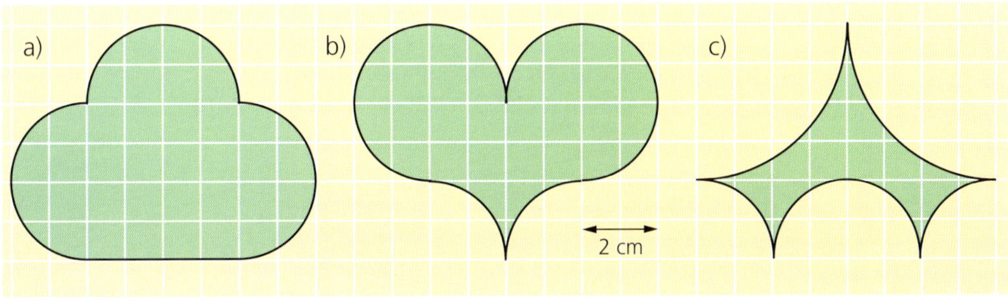

5.4 Strahlensätze

1. Strahlensatz

In einer Strahlensatzfigur ist das Verhältnis zweier Strahlenabschnitte auf einem Strahl genauso groß wie das Verhältnis der gleichliegenden Strahlenabschnitte auf dem anderen Strahl.

Es gilt z. B. für die daneben gezeichnete Figur:

$\frac{\overline{ZA}}{\overline{ZB}} = \frac{\overline{ZC}}{\overline{ZD}}$ und $\frac{\overline{ZA}}{\overline{AB}} = \frac{\overline{ZC}}{\overline{CD}}$

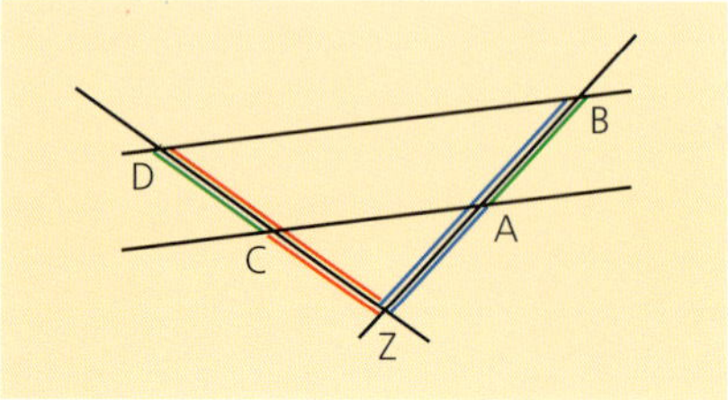

2. Strahlensatz

In einer Strahlensatzfigur ist das Verhältnis der Parallelenabschnitte genauso groß wie das Verhältnis der zugeordneten Strahlenabschnitte auf demselben Strahl.

Es gilt z. B. für die daneben gezeichnete Figur:

$\frac{\overline{AC}}{\overline{BD}} = \frac{\overline{ZA}}{\overline{ZB}}$ und $\frac{\overline{BD}}{\overline{AC}} = \frac{\overline{ZD}}{\overline{ZC}}$

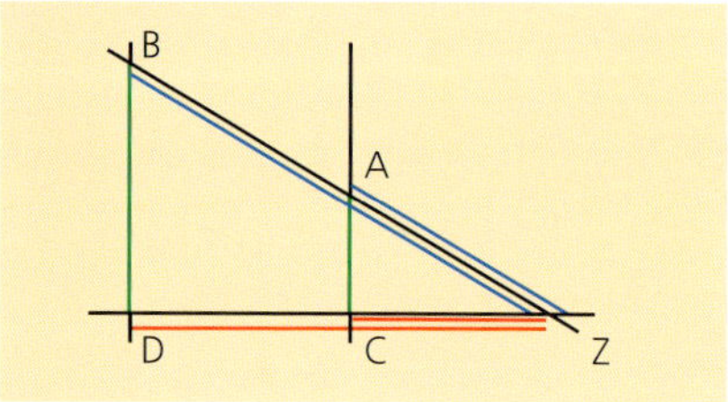

Flächeninhalte und Volumen zueinander ähnlicher Figuren

Ist von zwei Figuren bekannt, dass sie zueinander ähnlich sind, dann ist es möglich, aus der Kenntnis der Maße der einen Figur und dem Ähnlichkeitsfaktor den Umfang, den Flächeninhalt und bei Körpern auch das Volumen der anderen Figur zu berechnen.

Ist die Figur F_2 ähnlich zur Figur F_1 mit dem Ähnlichkeitsfaktor k, so gilt für einander entsprechende Umfänge, Flächeninhalte oder Rauminhalte:

$u_2 = k \cdot u_1$

$A_2 = k^2 \cdot A_1$

$V_2 = k^3 \cdot V_1$

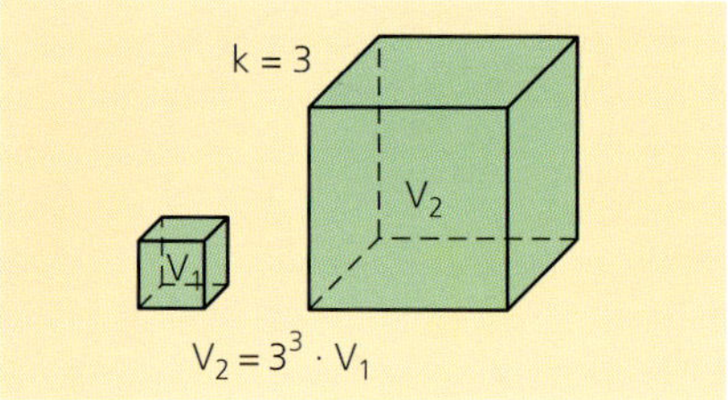

Aufgaben

1. Berechne im Kopf! (Angaben in Zentimeter; Skizzen nicht maßstäblich)

a)

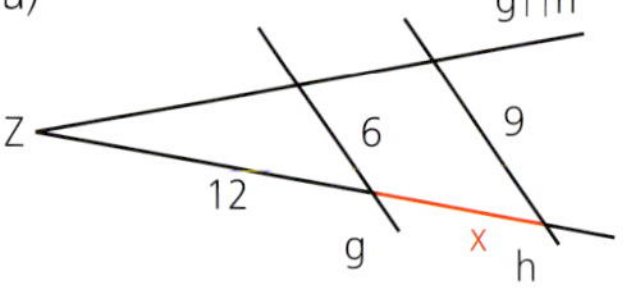

b)

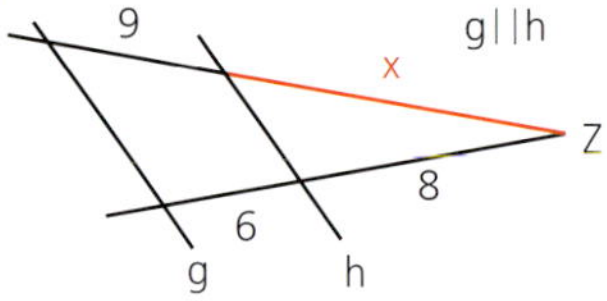

c)

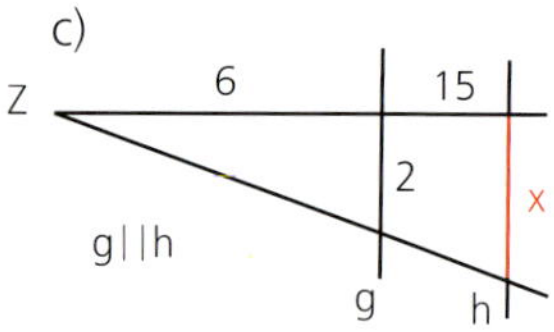

2. Welche der folgenden Verhältnisgleichungen sind wahre Aussagen? Berichtige, wenn nötig!

a) $\frac{\overline{ZA}}{\overline{ZC}} = \frac{\overline{ZB}}{\overline{ZD}}$ b) $\frac{\overline{AB}}{\overline{CD}} = \frac{\overline{ZA}}{\overline{AC}}$

c) $\frac{\overline{AC}}{\overline{ZC}} = \frac{\overline{ZD}}{\overline{BD}}$ d) $\frac{\overline{BD}}{\overline{ZD}} = \frac{\overline{AC}}{\overline{ZC}}$

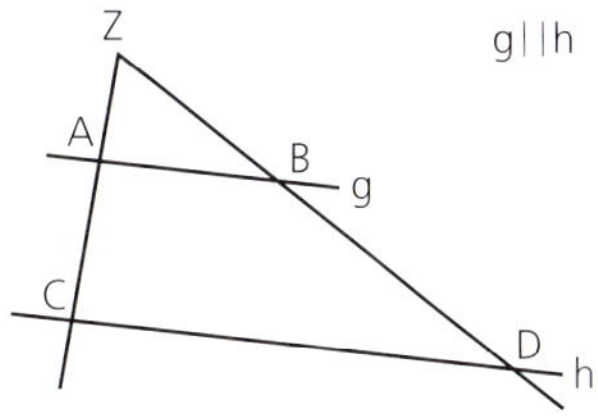

3. Berechne die fehlenden Größen! Fertige jeweils eine Skizze an, in der du die gegebenen Größen einträgst!

	a	b	c	d	e	f	a + b	c + d
a)	5 cm	3 cm	10 cm	...	...	16 cm	...	...
b)	3 cm	...	4 cm	...	...	18 cm	9 cm	...
c)	12 cm	...	...	10 cm	...	15 cm	...	25 cm
d)	4,8 cm	6 cm	3,6 cm	...	2,4 cm	...	...	...

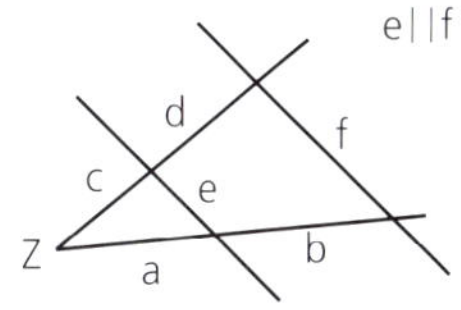

4. Wie hoch ist ein Mast, der einen 14,50 m langen Schatten wirft, wenn der Schatten einer 1,20 m hohen Zaunlatte zur gleichen Zeit 85 cm beträgt?

5. Um die Breite x des Flusses zu ermitteln, wurden die Strecken a, b und c gemessen. Wie breit ist der Fluss?

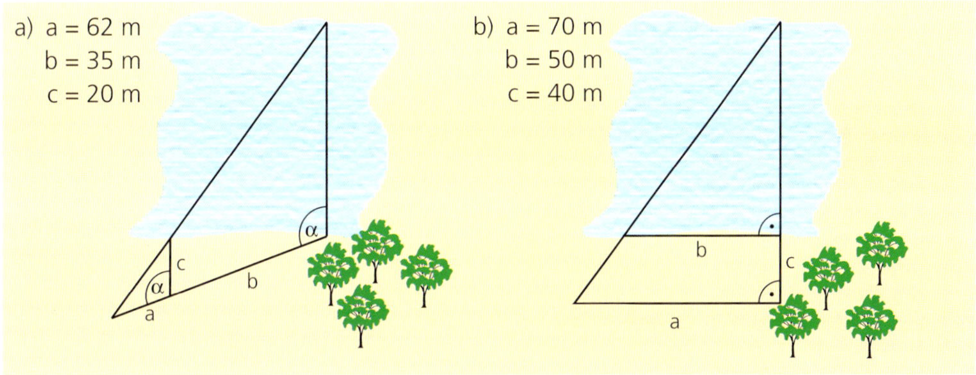

6. Der Flächeninhalt eines Dreiecks D beträgt A = 12 cm².

a) Wie groß ist der Flächeninhalt A_1 des Dreiecks D_1, wenn bei ihm alle Seiten doppelt so lang sind wie beim Dreieck D?

b) Mit welchem Ähnlichkeitsfaktor k wurden die Seitenlängen des Dreiecks D multipliziert, wenn der Flächeninhalt A_2 des Dreiecks D_2 genau 108 cm² beträgt?

c) Wie groß ist der Flächeninhalt A_3 des Dreiecks D_3, wenn seine Seiten nur halb so lang sind wie die Seiten des Dreiecks D?

7. Das Rechteck R_2 ist ähnlich zum Rechteck R_1. Was gilt dann für die Flächeninhalte A_2 und A_1 der beiden Rechtecke bei folgenden Ähnlichkeitsfaktoren k?

a) k = 3 b) k = 0,5 c) k = 2,5 d) k = 2 e) k = 0,6

8. Ein Bild im Format 10 cm x 15 cm soll vergrößert werden, sodass es auf ein A5-Blatt (14,8 cm x 21 cm) passt. Welchen Prozentsatz muss man auf dem Kopierer einstellen?

9. Ein Würfel besitzt eine Kantenlänge von 3 cm. Berechne Oberflächeninhalt und Volumen des Würfels! Ein zweiter Würfel hat eine dreimal so große Kantenlänge. Berechne seinen Oberflächeninhalt und sein Volumen! Vergleiche beide Oberflächeninhalte und Volumina miteinander!

10. Ein Bauarbeiter hebt in 1,5 h eine Baugrube von 2 m Länge, 1 m Breite und 1 m Tiefe aus.
Welche Zeit benötigt er bei gleicher Arbeitsleistung für eine andere Grube, die doppelt so lang, doppelt so breit und doppelt so tief ist?

11. Frank möchte eine 45 cm große Figur aus Ton modellieren. Dazu fertigte er erst ein 15 cm großes Modell an. Für das Modell benötigte Frank ca. 300 g Ton.
Wie viel Ton braucht er für die 45 cm große Plastik?

5.5 Berechnungen im Koordinatensystem

Die Länge der Strecke $\overline{CA}$ kann man mithilfe des Satzes des PYTHAGORAS berechnen. Man kann $\overline{CA}$ als Hypotenuse des rechtwinkligen Dreiecks ACP auffassen.

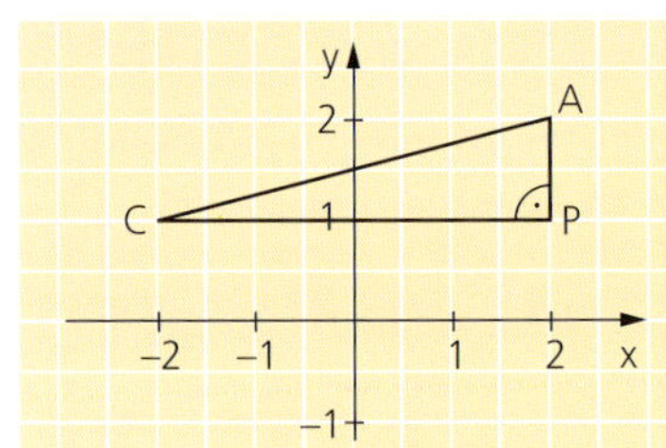

$\overline{CA} = \sqrt{\overline{CP}^2 + \overline{PA}^2}$

$\overline{CA} = \sqrt{(4\text{cm})^2 + (1\text{cm})^2} = \sqrt{17}\text{ cm} \approx 4{,}1\text{ cm}$

Die Strecke $\overline{CA}$ ist etwa 4,1 cm lang.

Den Winkel α, den eine Gerade mit der x-Achse bildet, kann man mit einem geeigneten Steigungsdreieck berechnen. Ein solches Dreieck ist z. B. das Dreieck ABC. Der Winkel α ist genauso groß wie der Winkel β, da es sich um Stufenwinkel an geschnittenen Parallelen handelt.

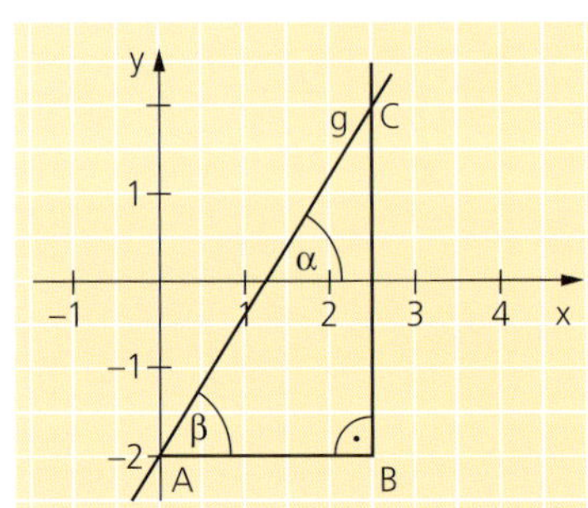

Es gilt: $\tan\beta = \frac{4}{2{,}5}$; also $\beta = 58°$

g bildet mit der x-Achse einen Winkel von 58°.

Den Flächeninhalt des Dreiecks ASB kann man nach der Formel $A = \frac{g \cdot h}{2}$ berechnen.

Die Grundseite g ist die Strecke $\overline{AB}$, die Höhe h der Betrag der Ordinate des Punktes S.

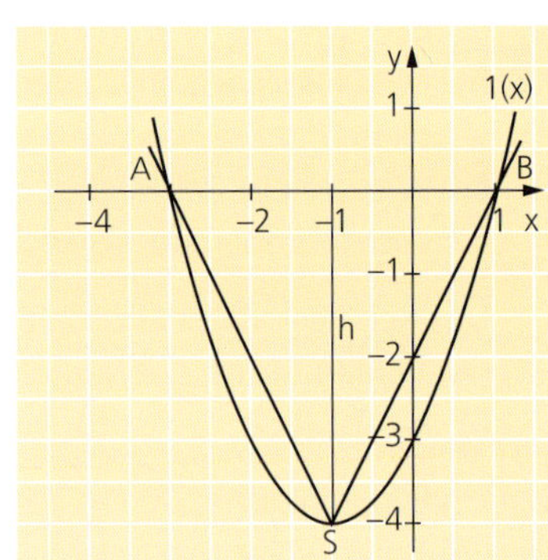

$A = \frac{4\text{ cm} \cdot 4\text{ cm}}{2} = 8\text{ cm}^2$

Der Flächeninhalt des Dreiecks ASB beträgt 8 cm².

Aufgaben

1. a) Gib den Abstand des Punktes B von der x-Achse an!
b) Welchen Abstand hat der Punkt C von der y-Achse?
c) Berechne den Abstand des Punktes C vom Koordinatenursprung! Fertige dazu eine Skizze an!
d) Berechne die Länge der Strecke $\overline{AB}$!
e) Wie lang ist der Umfang des Dreiecks ABC?

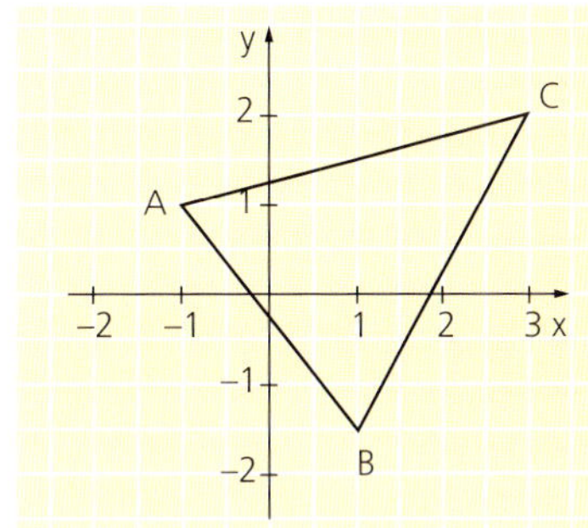

2. Berechne den Winkel, den die Gerade durch P_1 (−2; −3) und P_2 (4; 1) mit der x-Achse bildet!
Welchen Winkel bildet dieselbe Gerade mit der y-Achse?

3. Nenne die Gleichung einer linearen Funktion, deren Graph mit der x-Achse einen Winkel von 45° einschließt!

4. Berechne den Winkel, den die beiden Graphen der Funktionen $f(x) = -2x + 1$ und $g(x) = \frac{2}{3}x - 3$ miteinander bilden!
Zerlege dazu den gesuchten Winkel so in zwei Teilwinkel, dass jeder Teilwinkel Innenwinkel eines rechtwinkligen Dreiecks ist! Suche nach weiteren Lösungsmöglichkeiten!

5. Berechne die Innenwinkel des Dreiecks ABC!

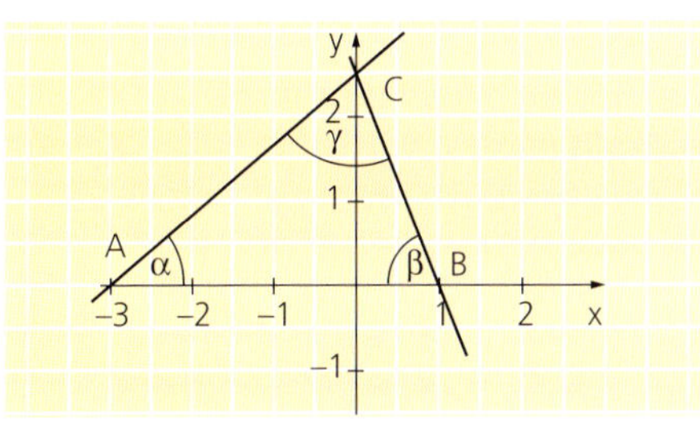

6. Berechne den Flächeninhalt des Dreiecks, den die Gerade g mit den Koordinatenachsen bildet!

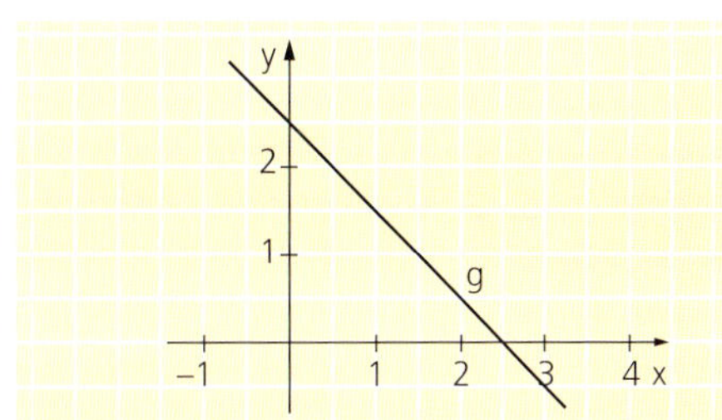

7. Berechne den Flächeninhalt und den Umfang des nebenstehenden Sternes!

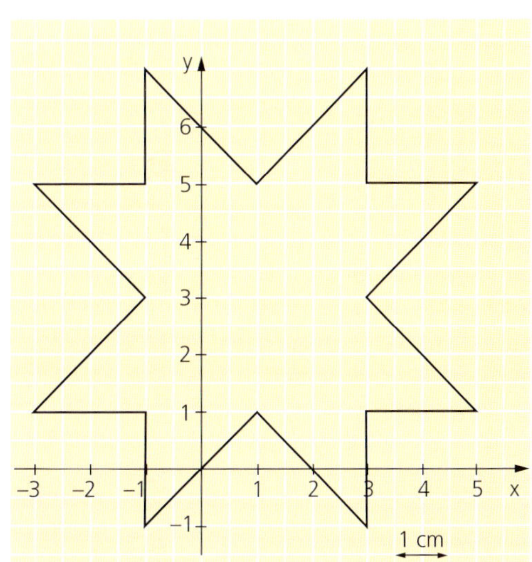

8. Berechne den Flächeninhalt des Dreiecks, das die Graphen der Funktionen $f(x) = -x + 5$ und $g(x) = 3x - 3$ mit folgenden Koordinatenachsen bilden!
a) mit der x-Achse
b) mit der y-Achse

9. Trage die Punkte A(3; 4); B(1; 5); C(−1, 3) in ein rechtwinkliges Koordinatensystem mit der Einheit 1 cm ein! Trage einen weiteren Punkt D so ein, dass der geschlossene Streckenzug ABCD ein Parallelogramm ergibt! Berechne den Flächeninhalt und den Umfang des Parallelogramms ABCD!

6 Stochastik

6.1 Berechnen und Interpretieren statistischer Kenngrößen

Absolute und relative Häufigkeiten

In einer statistischen Untersuchung werden die Daten oft zunächst in einer Urliste erfasst, die alle Daten in ungeordneter Reihenfolge enthält.

Über eine **Strichliste** erhält man eine **Häufigkeitstabelle,** die die **absolute Häufigkeit H_i** jedes einzelnen Wertes x_i angibt.

Die **relative Häufigkeit h_i** eines Wertes erhält man, wenn man seine absolute Häufigkeit durch die Anzahl aller Werte dividiert.

In 10 Geschäften wurden folgende Preise für ein neues Modell eines CD-Players ermittelt:

52,95 €; 75,90 €; 49,45 €; 52,95 €; 49,45 €; 44,80 €; 64,85 €; 52,95 €; 52,95 €; 49,45 €

x_1 in €	44,80	49,45	52,95	64,85	75,90
	I	III	IIII	I	I
H_i	1	3	4	1	1
h_i	0,1	0,3	0,4	0,1	0,1

Addiere zur Kontrolle die relativen Häufigkeiten! Die Summe muss 1 ergeben.

Arithmetisches Mittel

Das **arithmetische Mittel** $\bar{x}$ (der Durchschnitt aller Werte) kann aus der Urliste berechnet werden, indem man die Summe aller Werte durch die Gesamtzahl der Werte dividiert.

Liegt eine Häufigkeitstabelle vor, kann $\bar{x}$ einfacher durch Multiplikation der Werte mit ihren absoluten bzw. relativen Häufigkeiten und Addition der Produkte berechnet werden.

$\bar{x} = (52{,}95\,€ + 75{,}90\,€ + \ldots + 49{,}45\,€) : 10$

$\bar{x} = 54{,}57\,€$

Der durchschnittliche Preis beträgt 54,57 €.

$\bar{x} = \frac{\text{Summe aus abs. Häufigkeit} \cdot \text{Wert}}{\text{Gesamtanzahl}}$

$\bar{x} = (44{,}80\,€ + 3 \cdot 49{,}45\,€ + \ldots + 4 \cdot 52{,}95\,€ + 64{,}85\,€ + 75{,}90\,€) : 10 = 54{,}57\,€$

$\bar{x}$: Summe aus relativer Häufigkeit mal Wert

$\bar{x} = 0{,}1 \cdot 44{,}80\,€ + 0{,}3 \cdot 49{,}45\,€ + 0{,}4 \cdot 52{,}95\,€ + 0{,}1 \cdot 64{,}85\,€ + 0{,}1 \cdot 75{,}90 = 54{,}57\,€$

Zentralwert

Um den **Zentralwert** $\tilde{x}$ (Median, mittlerer Wert, 50 %-Wert) zu ermitteln, müssen alle Werte in geordneter Reihenfolge vorliegen.
Dazu kann man die Urliste ordnen oder aus der Häufigkeitstabelle die betreffende Spalte ermitteln.
Der Zentralwert ist dann der Wert, der in der Mitte der Rangfolge liegt, bzw. das arithmetische Mittel der beiden mittleren Werte.

$\tilde{x}$: arithmetisches Mittel aus dem 5. und 6. Wert in der Rangfolge der Daten. Beide Werte liegen in der 3. Spalte.

$\tilde{x} = 52{,}95\,€$

Der mittlere Preis beträgt 52,95 €, denn die Hälfte der Geräte kostet weniger oder genauso viel bzw. mehr oder genauso viel.

Spannweite

Die **Spannweite** (Streuungsbreite) ist die Differenz aus dem größten und kleinsten Wert.

$w = 75{,}90\,€ - 44{,}80\,€ = 31{,}10\,€$

Der Preis unterscheidet sich um bis zu 31,10 €.

6.2 Anfertigen von Diagrammen

Streckendiagramme

In einem **Streckendiagramm** werden die absoluten oder relativen Häufigkeiten als Strecken dargestellt.

Merkmalsachse kann die x- oder die y-Achse sein.

Streckendiagramme sind sinnvoll, wenn die Merkmalswerte einzelne Zahlen sind.

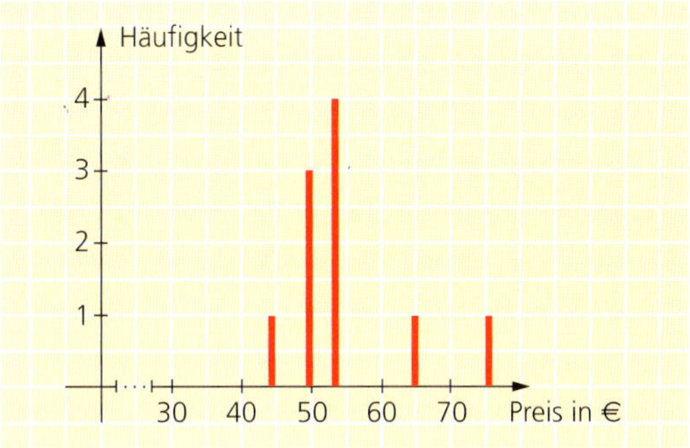

Streifendiagramme

In **Streifendiagrammen** (auch Balken- oder Säulendiagramme genannt) werden die absoluten oder relativen Häufigkeiten durch Rechtecke dargestellt.

Die Häufigkeiten sind dabei proportional zur Länge der Rechtecke, während die Breite meist beliebig gewählt werden kann.

Die Rechtecke können „stehen" oder „liegen", d.h., die Merkmalsachse kann die x- oder die y-Achse sein.

Streifendiagramme sind sinnvoll, wenn die Merkmalswerte Begriffe oder Nummerierungen sind.

Eine besondere Form der Streifendiagramme sind die **Prozentstreifen** (auch Blockdiagramm oder Staffelbild genannt).
In einem Prozentstreifen werden die relativen Häufigkeiten aller Merkmalswerte als Aufteilung eines Rechtecks (entspricht 100 %) dargestellt.

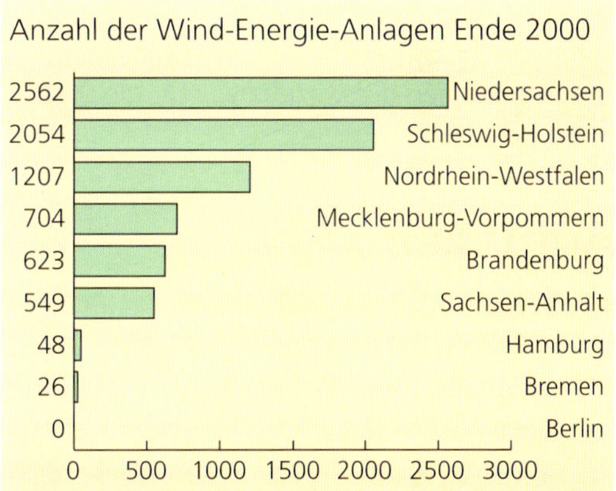

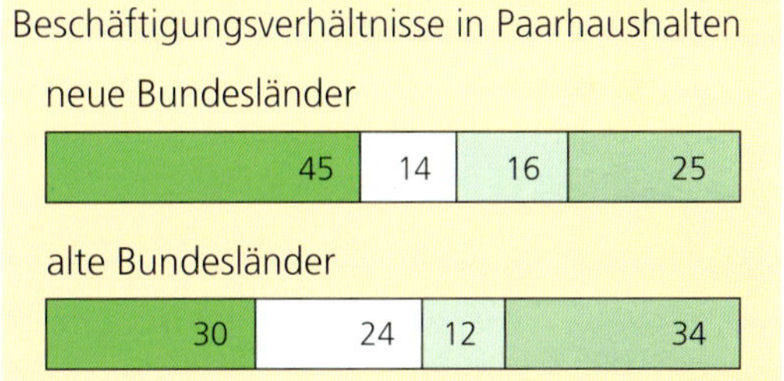

Kreisdiagramme

In **Kreisdiagrammen** werden analog zu Prozentstreifen alle relativen Häufigkeiten als Aufteilung einer Kreisfläche (100 %) dargestellt. Dazu müssen die Zentriwinkel der Kreissektoren berechnet werden.

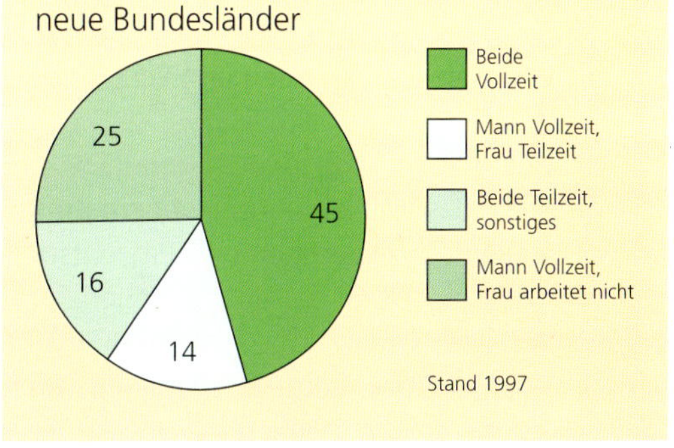

6.3 Erwartungswert eines Merkmals

Wenn die Werte eines Merkmals Zahlen oder Größen sind bzw. ihnen Zahlen oder Größen zugeordnet werden können und wenn die Wahrscheinlichkeit jedes Wertes bekannt ist, kann der **Erwartungswert** des Merkmals berechnet werden.

Der Erwartungswert E(X) ist die Summe der Produkte aus den Merkmalswerten und ihren Wahrscheinlichkeiten.

Der Erwartungswert ist der zu erwartende Wert bei einem Vorgang bzw. das zu erwartende arithmetische Mittel der Werte bei zahlreichen Wiederholungen des Vorgangs unter gleichen Bedingungen.

Eine Versicherung hat eines Jahresbeitrag von 100 €. Ein Unfall verursacht Kosten von 1500 €. Jährlich verunglücken ca. 5 % der Versicherten. Wie hoch ist der Gewinn der Versicherung bei 200000 Versicherten?

Merkmal	kein Unfall	Unfall
Gewinn (G)	100 €	–1400 €
Wahrscheinlichkeit	0,95	0,05

$E(G) = 0{,}95 \cdot 100\,€ + 0{,}05 \cdot (-1400\,€)$

$E(G) = 25\,€$

Pro Versicherungsfall ist ein Gewinn von 25 € und bei 200000 Versicherten ist ein Gewinn von 5 Mio. € zu erwarten.

Aufgaben

1. Bei einer Verkehrszählung wurden an einer Ampel folgende Anzahlen der Kraftfahrzeuge notiert, die jeweils während einer roten Ampelphase anhielten: 11; 12; 9; 8; 12; 14; 13; 10; 9; 11; 10; 11; 12; 11; 10; 11; 13; 9; 11; 10

a) Fertige eine Häufigkeitstabelle für die Anzahl der Fahrzeuge an und berechne die relativen Häufigkeiten!

b) Bestimme den Zentralwert und die Spannweite der Verteilung!

c) Berechne das arithmetische Mittel der Verteilung und vergleiche es mit dem Zentralwert!

d) Zeichne ein Diagramm für die relativen Häufigkeiten der während einer roten Ampelphase haltenden Kraftfahrzeuge!

2. Von den 640 Schülern einer Schule beteiligten sich 75 % an der Wahl des Vertrauenslehrers.

Wahlergebnis:	Kandidat A:	272 Stimmen
	Kandidat B:	68 Stimmen
	Kandidatin C:	136 Stimmen

a) Wie viele Schülerinnen und Schüler beteiligten sich an der Wahl?

b) Wie viele Stimmen waren ungültig?

c) Stelle das Wahlergebnis in einem Kreisdiagramm dar!

d) Stelle das Wahlergebnis als Prozentstreifen dar!

e) Wie viel Prozent der abgegebenen Stimmen entfielen auf den Wahlsieger?

f) Wie viel Prozent der abgegebenen Stimmen entfielen jeweils auf die beiden „Verlierer"?

3. Für Lissabon und Helsinki sind die mittleren Monatstemperaturen und die monatlichen Niederschlagsmengen angegeben.

		Jan.	Feb.	Mär.	Apr.	Mai	Jun.	Jul.	Aug.	Sep.	Okt.	Nov.	Dez.
Lissabon (96 m)	°C	10	11	13	14	17	19	21	22	20	17	14	11
	mm	86	83	86	78	45	14	4	6	33	61	92	110
Helsinki (45 m)	°C	−6	−7	−3	3	9	14	17	16	11	5	1	−3
	mm	57	42	36	44	41	51	68	72	71	73	68	66

a) Fertige für beide Städte ein Temperaturdiagramm und ein Niederschlagsdiagramm an!

b) Berechne die mittlere Jahrestemperatur und die Spannweite der Temperaturen für Lissabon und Helsinki! Vergleiche den Temperaturverlauf beider Städte! Nutze das Diagramm und die berechneten Kenngrößen!

c) Berechne die mittlere Niederschlagsmenge und die Spannweite der monatlichen Niederschläge! Vergleiche beide Städte hinsichtlich des Niederschlags und seiner Verteilung!

d) Ein Jahr kann in 4 Quartale eingeteilt werden. Welches ist das niederschlagsreichste Quartal in Lissabon bzw. in Helsinki?

4. In einem Schulsportverein trainieren Schüler der 5. bis 10. Klasse. Zur Sektion Fußball gehören Jungen und Mädchen, die jeweils aus folgenden Klassenstufen kommen:

5; 8; 7; 6; 9; 10; 10; 5; 6; 5; 7; 5; 8; 10; 6; 10; 10;
8; 9; 9; 7; 6; 5; 5; 7; 8; 8; 9; 6; 6; 5; 9;
7; 10; 8; 10; 5; 7; 6; 8; 10; 9; 10; 5; 6; 6; 8; 9; 10; 7

a) Bestimme die absolute und relative Häufigkeit der Klassenstufen in der Fußballsektion und stelle sie in einer Häufigkeitstabelle dar!

b) 40 % der Schüler der Fußballsektion sind Mädchen. Berechne die Anzahl der Mädchen!

c) Bei einem Fußballtraining sind acht Spielerinnen aus der 10.Klasse anwesend. Durch Losentscheid werden zwei Mannschaften mit je vier Spielern aufgestellt. Tobias darf aus den sieben Losen, auf denen die Namen der anderen Spieler stehen, drei Lose auswählen. Mit dem ersten Los zieht er seinen Freund Robert. Nun hätte er gern noch Julia und Franka in seiner Mannschaft.
Mit welcher Wahrscheinlichkeit erfüllt sich sein Wunsch?

5. Für die unterschiedliche Anzahl der Wind-Energie-Anlagen in den Bundesländern (↗ S. 55) gibt es sicher verschiedene Ursachen. Ein Grund könnte z.B. die unterschiedliche Größe der Länder sein.

a) Vergleiche die Anzahl der Windkraftanlagen mit der Fläche der Länder! Bilde dazu Quotienten aus beiden Größen! Welche Bedeutung haben beide Quotienten? Welcher Quotient ist zum Vergleich besser geeignet?

b) Welche weiteren Ursachen könnte es für die unterschiedliche Dichte der Windkraftanlagen in den Ländern geben?

6. In einer Disco wurden durch Zufallsauswahl 50 der Anwesenden für eine Befragung ausgewählt. Folgende Angaben wurden zum Alter und zur Zufriedenheit mit der Musik gemacht:

Alter	14	15	16	17	18	19	20	älter als 20
relative Häufigkeit	0,08	0,18	0,28	0,24	0,14	0,06	0,02	0

Grad der Zufriedenheit	sehr zufrieden	zufrieden	es geht so	unzufrieden
relative Häufigkeit	0,34	0,38	0,2	0,08

a) Stelle beide Befragungsergebnisse in geeigneten Diagrammen dar!

b) Berechne für beide Befragungsergebnisse die absoluten Häufigkeiten und stelle sie in zwei Häufigkeitstabellen dar!

c) Berechne und interpretiere das arithmetische Mittel und den Zentralwert des Alters der Disco-Besucher! Begründe die Abweichungen!

d) In der Disco sind 1 500 Besucher. Mit wie vielen Besuchern unter 16 Jahren kann der Betreiber rechnen? Wie viele Besucher werden mit der Musik nicht zufrieden sein? Der Betreiber geht von der Häufigkeitsverteilung aus, die sich bei der Befragung ergeben hat.

7. In einer Zeitschrift und in einem Buch wurde die Bevölkerungsentwicklung Chinas so wie in folgenden Abbildungen dargestellt. (Bevölkerungszahlen in Millionen)

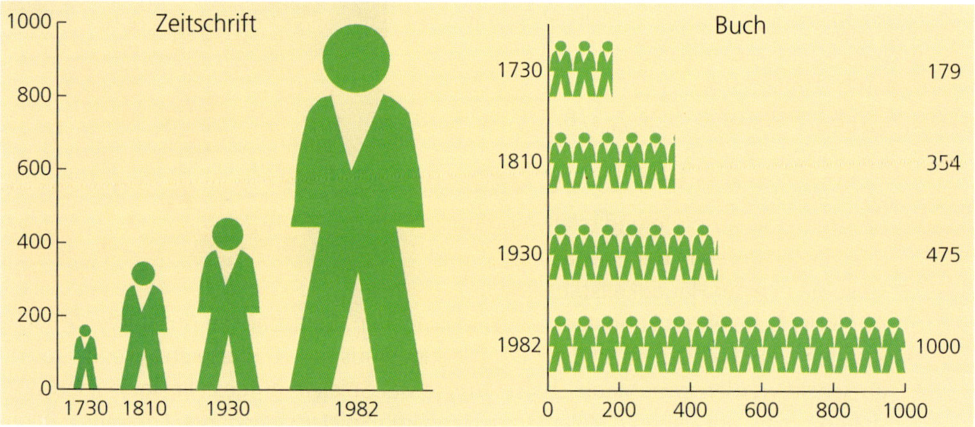

a) Werte die Darstellungen in der Zeitschrift und im Buch!

b) Stelle die Bevölkerungsentwicklung Chinas in einem Liniendiagramm dar!

8. Bei einem Fernsehsender wurde an fünf aufeinander folgenden Wochentagen die Dauer der Werbeblöcke in der Zeit von 15:00 bis 17:00 Uhr bzw. in der Zeit von 18:00 bis 20:00 Uhr gemessen. Es ergaben sich die folgenden Zeiten in Sekunden:

15:00–17:00 Uhr: 206; 332; 261; 227; 302; 281; 258; 238; 272; 437; 297; 427; 440; 353; 248; 270; 225; 382; 246; 298

18:00–20:00 Uhr: 296; 359; 358; 327; 351; 298; 330; 362; 303; 361; 354; 358; 302; 355; 365; 328; 302; 354; 322; 335

a) Berechne für beide Sendezeiten das arithmetische Mittel und die Spannweite der Daten!

b) Stelle die Dauer der Werbeblöcke in zwei Häufigkeitsdiagrammen dar! Fasse die Zeiten zu Klassen zusammen! Vergleiche beide Diagramme miteinander!

c) Uwe langweilt sich an einem Wochentag zwischen 15:00 und 17:00 Uhr und schaltet den Sender an. Mit welcher Wahrscheinlichkeit hat er die Werbung eingeschaltet?

9. Vergleiche die unterschiedlichen Verteilungen der Beschäftigungsverhältnisse in Paarhaushalten in den neuen und den alten Bundesländern (↗ S. 55)!
Welche Schlussfolgerungen würdest du daraus für die jeweilige Stellung und die Tätigkeiten der Frauen in der Familie ableiten?

10. In einem Orchester spielen Musiker folgenden Alters: 21; 36; 41; 34; 26; 52; 38; 25; 34; 44; 48; 58; 31; 40; 37; 24; 62; 49; 31; 53; 58; 46; 45; 53; 28; 39; 60; 54; 36; 40

a) Berechne das durchschnittliche Alter des Orchesters!
b) Bestimme die größte Abweichung vom Mittelwert!
c) Zeichne ein Häufigkeitsdiagramm für die Altersverteilung! Fasse dazu das Alter der Orchestermitglieder zu Klassen zusammen (21 bis 25, 26 bis 30, 31 bis 35 usw.)!
In welcher Altersklasse findet man die meisten (wenigsten) Musiker?

11. Die Bruttowertschöpfung ergibt sich aus dem Wert aller in einem Jahr produzierten Waren und Dienstleistungen eines Landes. Für 1997 und 2000 hatte die Bruttowertschöpfung in Sachsen-Anhalt die in der Tabelle angegebene Struktur (Angaben in Mio. DM).

Jahr		1997	2000
Gesamt		73 015	75 019
Land-, Forst und Fischereiwirtschaft		1 974	2 145
Produzierendes Gewerbe	insgesamt	12 204	13 543
	darunter verarbeitendes Gewerbe	9 421	10 950
Baugewerbe		11 240	7 212
Handel, Gastgewerbe, Verkehr		11 608	12 734
Finanzierung, Vermietung, Unternehmensdienstleister		15 828	18 501
öffentliche und private Dienstleister		20 161	20 884

a) Gib für jeden der genannten Bereiche der Bruttowertschöpfung ein Beispiel an!
b) Berechne den relativen Anteil der einzelnen Bereiche für das Jahr 2000 und stelle die Verteilung in einem geeigneten Diagramm dar!
c) Berechne die prozentualen Veränderungen von 1997 zu 2000 in den einzelnen Bereichen und stelle die Veränderungen geeignet grafisch dar!

12. Eine Firma, die Waschmaschinen verkauft und repariert, hat festgestellt, dass in den ersten fünf Jahren für die Reparaturen der gelieferten Maschinen folgende Kosten anfallen:

Kosten in €	0	0 bis 50	50 bis 100	100 bis 200	200 bis 300	300 bis 500
Häufigkeit in %	65	8	12	7	5	3

Die Firma will den Kunden beim Kauf einer Waschmaschine eine fünfjährige Vereinbarung zur kostenlosen Reparatur anbieten. Welchen Betrag muss sie dafür verlangen, wenn sie eine Gewinnspanne von 20 % einkalkuliert?

13. Johannes setzt beim Roulette-Spiel zehn Münzen auf „Rot". Von den 37 Zahlen beim Roulette-Spiel gibt es 18 rote Zahlen, 18 schwarze Zahlen und eine grüne Zahl (die Null). Falls eine rote Zahl erscheint, bekommt Klaus 20 Münzen ausgezahlt, er hat also zehn Münzen gewonnen, sonst geht sein Einsatz verloren.

a) Berechne und interpretiere den Erwartungswert des Gewinns von Johannes!

b) Lola setzt zehn Münzen auf die Zahl 13. Wenn die Roulettekugel auf der Zahl liegen bleibt, erhält Lola 360 Münzen, sonst geht der Einsatz verloren. Berechne und interpretiere den Erwartungswert des Gewinns von Lola und vergleiche mit dem Wert von Johannes!

***14.** In einer Apartmentanlage gibt es für acht Apartments nur fünf Parkplätze. Die fehlenden Parkplätze können in einem Parkhaus für 730 € pro Jahr als Dauerparkplatz oder für 5 € pro Tag je nach Bedarf gemietet werden. Die Mieter bezahlen jedoch stets nur 2,50 € pro Tag und Parkplatz. Wie viele Dauerparkplätze sollte der Betreiber im Parkhaus mieten, wenn er damit rechnet, dass an 100 Tagen acht Parkplätze, an 50 Tagen sieben Parkplätze und an 40 Tagen sechs Parkplätze benötigt werden? In der restlichen Zeit reichen die fünf Parkplätze im Haus.

15. In einem Supermarkt stehen von 12:00 bis 13:00 Uhr pro Minute höchstens fünf Kunden an der Kasse, wobei die Anzahlen 0; 1; 2; 3; 4 oder 5 etwa gleich häufig vorkommen.
Berechne und interpretiere den Erwartungswert der Anzahl der Kunden, die pro Minute an der Kasse stehen!

16. Fanny hat einen kleinen Spielautomaten bei dem sich zwei Räder mit jeweils vier Bildern unabhängig voneinander drehen. Der Einsatz pro Spiel soll 10 ct betragen. Bleiben beide Räder auf einem gleichen Bild stehen, sollen 50 ct ausgezahlt werden.

a) Berechne und Interpretiere den Erwartungswert von Fannys Gewinn bei diesem Spielplan!

b) Welchen Gewinn müsste Fanny auszahlen, wenn das Spiel fair sein soll?

c) Fanny möchte durchschnittlich nur 0,025 € pro Spiel gewinnen. Welchen Betrag muss sie dazu bei einem Gewinn auszahlen?

d) Beantworte die Fragen a) bis c) für einen Automaten mit 3 Rädern und jeweils 4 Bildern!

17. In einem Bundesstaat der USA wird die folgende Lotterie angeboten:
Jedes Los kostet 50 cents. Für jede Million verkaufter Lose werden ausgeschüttet:
1 x 50 000 \$, 9 x 5 000 \$, 90 x 500 \$, 900 x 50 \$. Die Gewinnlose werden nur von den verkauften Losen gezogen. Es sei G der Gewinn, der auf bestimmtes Los fallen kann.

a) Bestimme die Wahrscheinlichkeitsverteilung von G! Berechne den Erwartungswert von G!

b) Wie viel Prozent der Einzahlungen werden bei dieser Lotterie wieder ausgeschüttet?
Zum Vergleich: Im Spielparadies Las Vegas werden bei Glücksspielen ca. 90 % der Einnahmen wieder ausgeschüttet.

7 Gemischte Aufgaben

7.1 Teste dein Grundwissen

1. An einer Schule gab es im letzten Jahr 1 172 Schülerinnen und Schüler. Dieses Jahr sind es 15 % mehr als im letzen Jahr.
Wie viele Schülerinnen und Schüler etwa gehen dieses Jahr in diese Schule?
(1) 1800 (2) 1600 (3) 1500 (4) 1400 (5) 1200

2. Der Preis einer Dose Bohnen wird von 60 ct auf 75 ct erhöht.
Um wie viel Prozent ist der Preis gestiegen?
(1) 15 % (2) 20 % (3) 25 % (4) 30 % (5) 75 %

3. In welcher Aufzählung sind die Zahlen von der kleinsten bis zur größten Zahl geordnet?
(1) 0,345; 0,19; 0,8; $\frac{1}{5}$ (2) 0,19; $\frac{1}{5}$; 0,345; 0,8
(3) 0,8; 0,19; $\frac{1}{5}$; 0,345 (4) $\frac{1}{5}$; 0,8; 0,345; 0,19

4. Jede der sechs Flächen eines Würfels ist entweder rot oder blau angemalt. Beim Würfeln ist die Wahrscheinlichkeit $\frac{2}{3}$, dass eine rote Fläche oben liegen bleibt. Wie viele Flächen sind rot?
(1) Eine (2) Zwei (3) Drei (4) Vier (5) Fünf

5. Eine Schachtel enthält 28 Farbstifte: weiße, blaue, rote und graue.
Wenn die Wahrscheinlichkeit, einen blauen Stift zu nehmen $\frac{2}{7}$ beträgt, wie viele blaue Farbstifte sind dann in der Schachtel?
(1) 4 (2) 6 (3) 8 (4) 10 (5) 20

6. Herr Rossow legt für die Dauer von 14 Jahren 9 800 € mit Zinseszins an. Er erhält am Ende dieser Zeit einen Betrag von 26 108,88 €.
Berechne auf Hundertstel genau, mit welchem Zinssatz der Geldbetrag angelegt wurde!

7. Welche zwei Dreiecke sind zueinander ähnlich?

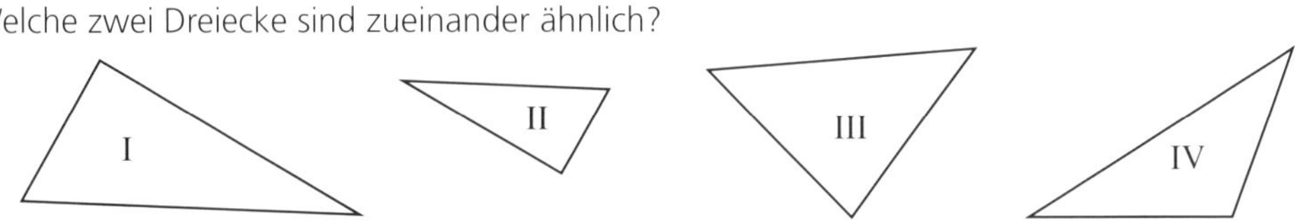

(1) I und II (2) I und IV (3) II und III (4) II und IV (5) III und IV

8. Welcher der folgenden Terme ist gleichwertig zum Term T = d + d + d?
(1) $T_1 = d + 3$ (2) $T_2 = 3d$ (3) $T_3 = d^3$ (4) $T_4 = 3(d+1)$ (5) $T_5 = \frac{d}{3}$

9. Welche der vier Terme beschreiben den Sachverhalt jeweils richtig?
a) die Summe von drei aufeinander folgenden natürlichen Zahlen
(1) $n + (n + 1) + (n + 2)$ (2) $(n - 1) + n + (n + 1)$ (3) $n_1 + n_2 + n_3$ (4) $n + 3$
b) der Oberflächeninhalt eines Zylinders mit einem Grundkreisradius r und einer Höhe h
(1) $\pi r^2 + \pi r^2 + 2\pi rh$ (2) $2\pi r^2 + 2\pi rh$ (3) $2\pi r^2(r + h)$ (4) $2\pi r^2 + 2\pi r^2$

10. Christian hat sein Zimmer ausgemessen und den Flächeninhalt mit
$3{,}25\ m \cdot 4{,}55\ m = 14{,}7875\ m^2$ berechnet. Welche Angabe ist sinnvoll?
(1) 15 m^2 (2) 14,8 m^2 (3) 14,79 m^2 (4) 14,788 m^2 (5) 14,7 m^2

11. Welcher der folgenden Ausdrücke ist gleichbedeutend mit y^3?
(1) $y + y + y$ (2) $y \cdot y \cdot y$ (3) $3y$ (4) $y^2 + y$ (5) $y^2 \cdot y$

12. Welche Gleichungen sind **falsch,** wenn a, b und c verschiedene reelle Zahlen sind?
(1) $(a:b):c = a:(b:c)$ (2) $ab = ba$ (3) $a + b = b + a$ (4) $(ab)c = a(bc)$

13. Die nebenstehende Grafik zeigt zu verschiedenen Geschwindigkeiten eines Autos die Strecke, die man benötigt, um das Auto durch Betätigen der Bremsen zum Anhalten zu bringen (Bremsweg). Ein Auto bremst und kommt nach 30 m zum Stillstand. Wie schnell ist es ungefähr gefahren?
(1) $48\ \frac{km}{h}$ (2) $55\ \frac{km}{h}$
(3) $70\ \frac{km}{h}$ (4) $160\ \frac{km}{h}$

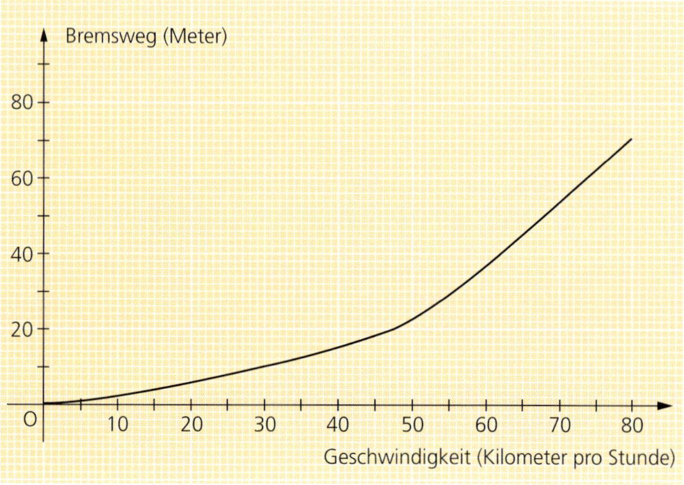

14. In einem Park werden Fahrräder vermietet. Die erste Stunde (oder ein Teil davon) kostet 2,50 €. Jede weitere angefangene Stunde kostet 1,00 €.
Welches Diagramm zeigt dies?

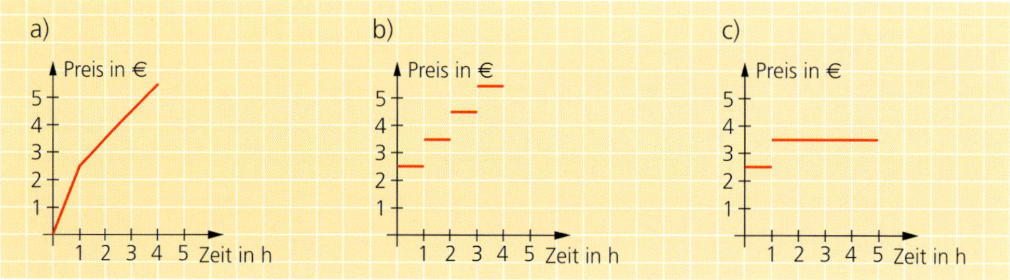

15. Martin hat x Euro. Er kauft a Artikel für b Euro. Was behält Martin an Geld übrig? Welcher Term ist zur richtigen Rechnung und Beantwortung der Frage geeignet?
(1) $x:(ab)$ (2) $x - ab$ (3) $ab + x$ (4) $a \cdot b \cdot x$ (5) $ab - x$

16. Wie viele $\frac{3}{4}$-Liter-Flaschen benötigt man, um 600 *l* Saft abzufüllen?
(1) 8 (2) 80 (3) 800 (4) 8000

17. In welchem Fall sind alle Brüche gleich groß?
(1) $\frac{3}{4}; \frac{6}{8}; \frac{12}{14}$ (2) $\frac{3}{5}; \frac{5}{7}; \frac{19}{15}$ (3) $\frac{3}{8}; \frac{6}{16}; \frac{12}{32}$ (4) $\frac{5}{10}; \frac{10}{15}; \frac{1}{2}$

18. In der Tabelle sind x und y zueinander proportional. Welches sind die Werte von P und Q?

x	3	6	P
y	7	Q	35

(1) P = 14 und Q = 31 (2) P = 15 und Q = 14
(3) P = 10 und Q = 31 (4) P = 14 und Q = 15

19. Schätze, wie viele 0,7-Liter-Flaschen mit dem Inhalt des größten der abgebildeten Türme gefüllt werden können?
(1) 4 Millionen (2) 40000
(3) 400000 (3) 4000

20. In einem Viereck betragen zwei Innenwinkel jeweils 110° und ein weiterer Winkel ist 90° groß. Wie groß ist der vierte Innenwinkel?
(1) 50° (2) 90° (3) 130°
(4) 140° (5) Kein Ergebnis ist richtig.

21. Rechne ohne Taschenrechner! 2,201 – 0,753
(1) 1,448 (2) 1,458 (3) 1,548 (4) 1,558

22. Ein Stapel von 200 Bögen Papier ist 2,5 cm dick. Wie dick ist ein einzelner Bogen?
(1) 0,008 cm (2) 0,0125 cm
(3) 0,05 cm (4) 0,08 cm

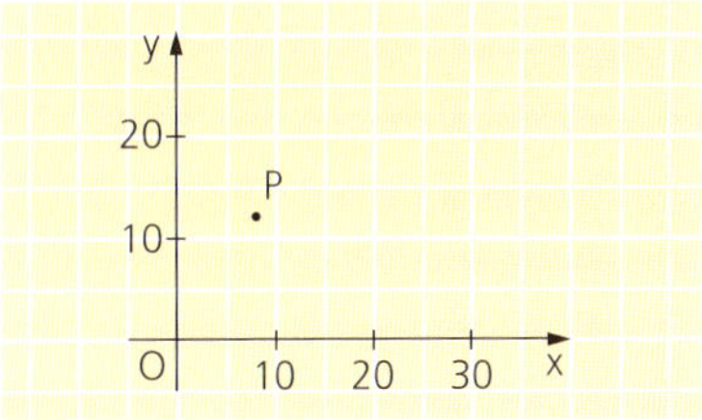

23. Welches der folgenden Koordinatenpaare beschreibt die Koordinaten des Punkte P am besten?
(1) (8; 12) (2) (8; 8)
(3) (12; 8) (4) (12; 12)

24. Ein rechtwinkliges Dreieck ABC mit $\gamma = 90°$ hat die Seitenlängen a = 3,0 cm und b = 4,0 cm.
Welche Länge hat die fehlende Seite?
(1) c = 7,0 cm (2) c = 5,0 cm (3) c = 4,0 cm (4) keine der Vorgaben

25. An einer Sportveranstaltung beteiligen sich 120 Schüler. Das sind 75 % der Schüler dieser Schule. Wie viele Schüler besuchen diese Schule?
(1) 200 Schüler (2) 160 Schüler (3) 195 Schüler (4) 90 Schüler

26. Für die Gleichung $12 - (x + 18) = 2(17 - x)$ wurden verschiedene Lösungen angegeben. Welche davon ist die richtige Lösung?
(1) x = 17 (2) x = –46 (3) x = 18 (4) keine der Vorgaben

27. Für die Gleichung $(x - 1)(x + 1) = -4$ wurden verschiedene Lösungen angegeben. Welche davon ist die richtige Lösung?
(1) x = –2 (2) x = 2 (3) x = 0 (4) keine der Vorgaben

28. Es soll ein Körper im Schrägbild gezeichnet werden, dessen Grundriss ein Kreis ist. Welcher der folgenden Körper erfüllt die Bedingung nicht?

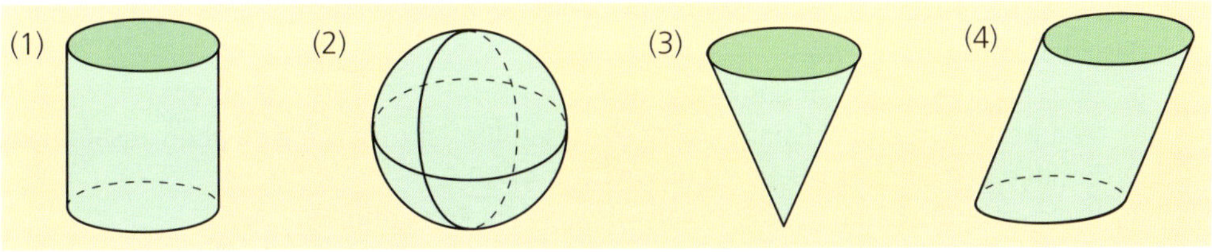

7.2 Komplexe Aufgaben

Prozent- und Zinsrechnung

1. Azubi Findig möchte sich einen Computer kaufen. Er findet die folgenden drei Angebote:

Angebot 1: Grundpreis 1 550,00 € bei sofortiger Zahlung und 2 % Preisnachlass
Angebot 2: Grundpreis 1 525,00 € bei Barzahlung und 45,00 € Rabatt
Angebot 3: 9 Monatsraten zu je 179,00 €

Welches Angebot würdest du Azubi Findig empfehlen? Begründe!

2. Die folgende Rechnung ist ein fiktives Beispiel.
Azubi Müller bekommt eine Ausbildungsvergütung von 650 € mit folgenden Abzügen:

- Krankenversicherung (AN-Anteil): 6,8 %
- Rentenversicherung: 9,75 %
- Pflegeversicherung: 0,85 %
- Arbeitslosenversicherung: 3,25 %
- Lohnsteuer: 87,00 €

> ***Hinweise zu Steuern:***
> **Bis 7 160 € Jahreseinkommen braucht keine Lohnsteuer gezahlt zu werden.**
> **Übersteigt die Lohnsteuer 1 000 € pro Jahr, werden 5,5 % vom Lohnsteuerbetrag als Solidaritätszuschlag erhoben.**
> **Kirchensteuer beträgt 9 % vom Lohnsteuerbetrag.**

a) Wie viel Prozent betragen die Abzüge für die Sozialversicherungen insgesamt?
b) Berechne die Gesamtabzüge! Beachte dabei die „Hinweise zu Steuern"!
c) Welchen Betrag erhält Azubi Müller monatlich? Wie viel Prozent der Ausbildungsvergütung sind das?
d) Wie viel Euro Kirchensteuer müsste er im Monat zahlen, wenn er einer Kirche angehört?
e) Fertige ein Kreisdiagramm an, in dem das Nettoeinkommen, die Sozialversicherungsbeiträge, die Lohnsteuer und der Solidaritätszuschlag dargestellt sind!

3. Frau Bernhardt schenkt ihrer Enkelin Julia zum 18. Geburtstag einen Prämiensparvertrag über 1 000 € mit einer Laufzeit von zwei Jahren. Der Zinssatz beträgt für das ersten Jahr 3,5 % und für das zweite Jahr 4,2 %. Die Zinsen sollen mit verzinst werden.

a) Wie groß ist Julias Guthaben nach dem ersten Jahr und nach dem zweiten Jahr?
b) Zusätzlich erhält Julia nach den zwei Jahren eine Prämie von 9,42 €.
Wie viel Prozent der in den beiden Jahren gutgeschriebenen Zinsen sind das?
c) Wie groß ist Julias Gesamtguthaben nach zwei Jahren?
d) Um wie viel Prozent ist ihr Anfangsguthaben insgesamt angewachsen?

4. Herr Müller möchte sich ein Auto kaufen.

a) Er muss im Jahr 356,25 € Zinsen zahlen, wenn er ein Darlehen mit einem Zinssatz von 7,5 % aufnimmt. Wie viel Euro leiht sich Herr Müller?
b) Eine Firma gibt das Darlehen zu einem Zinssatz von 4,5 %. Wie viel Euro spart er im Jahr?

5. Familie Resch hatte für ein Jahr lang 4500 € als Festgeld zu einem Zinssatz von 3,75 % angelegt. Außerdem erhielt sie für ein Guthaben von 4000 € im gleichen Jahr Zinsen in Höhe von 122 €. Weitere 78,75 € Zinsen erbrachte im gleichen Jahr das Guthaben auf einem Sparkonto, das zu 3,25 % verzinst war.

a) Berechne die Zinsen für das Festgeld!
b) Wie viel Zinsen erhielt Familie Resch im gesamten Jahr für alle Guthaben zusammen?
c) Ermittle den Zinssatz für ein Guthaben von 4000 €!
d) Welches Guthaben hatte Familie Resch auf dem Sparkonto?

Zuordnungen und Funktionen

1. Gegeben ist die Funktion $y = f(x) = 2x - 1$ im Intervall von $-2 \leq x \leq 4$.
a) Zeichne den Graphen der Funktion und lies die Nullstelle der Funktion ab!
b) Ermittle die Nullstelle der Funktion rechnerisch und vergleiche mit dem Wert aus a)!
c) Gib die Koordinaten der Punkte an, in denen der Graph die x-Achse (Punkt P) bzw. die y-Achse (Punkt Q) schneidet! Berechne die Länge der Strecke $\overline{PQ}$!
d) Eine Gerade g schneidet die y-Achse im Punkt R(0; −3), die x-Achse im Punkt S und ist parallel zum Graphen der Funktion f(x). Zeichne g in dasselbe Koordinatensystem ein!
e) Gib eine Funktionsgleichung für die Gerade g an!
f) Berechne den Flächeninhalt des Dreiecks PQO, wenn O der Koordinatenursprung ist!
g) Begründe, dass die beiden Dreiecke PQO und RSO zueinander ähnlich sind!

2. Zwei Funktionen sind durch die Gleichungen $y = f(x) = -x + 4$ und $y = g(x) = 2x + 1$ gegeben.
a) Zeichne die Graphen der Funktionen mindestens im Intervall $-2 \leq x \leq 5$!
b) Die Graphen schneiden einander im Punkt S. Gib die Koordinaten des Punktes S an!
c) Berechne den Abstand des Punktes S vom Koordinatenursprung!
d) Überprüfe, ob das Zahlenpaar (3,5; 9) zur Funktion g(x) gehört! Begründe!

3. Durch die Punkte A(− 1; 6) und B(3; − 2) ist der Graph einer linearen Funktion $y = f(x)$ mit $x \in \mathbb{R}$ im rechtwinkligen Koordinatensystem gegeben. Der Graph schneidet die y-Achse im Punkt C, der zugleich Scheitelpunkt einer Normalparabel ist.
a) Stelle die Funktion $y = f(x)$ grafisch dar!
b) Gib die Gleichung der Funktion $y = f(x)$ an!
c) Überprüfe durch Rechnung, ob der Punkt P(10; − 16) zur Funktion $y = f(x)$ gehört!
d) Zeichne die Normalparabel mit dem Scheitelpunkt C!
e) Gib die Funktionsgleichung $y = g(x)$ der gezeichneten Normalparabel an!

4. Durch die Gleichung $y = f(x) = x^2 + 4x + 3$ mit $x \in \mathbb{R}$ ist eine quadratische Funktion gegeben.
a) Zeichne den Graphen der Funktion f(x) in ein rechtwinkliges Koordinatensystem!
b) Spiegele den Graphen der Funktion f(x) an der y-Achse und gib die Funktionsgleichung g(x) für die gespiegelte Parabel an!
c) Bezeichne die Scheitelpunkte der Parabeln mit S_1 und S_2 und den gemeinsamen Punkt der beiden Parabeln mit P!
Berechne den Flächeninhalt und den Umfang des Dreiecks S_1S_2P!

5. a) Stelle die Funktion $y = f(x) = x^2 - 4x + 2$ mit $x \in \mathbb{R}$ im Koordinatensystem dar!
b) Durch die Gleichung $y = g(x) = \frac{1}{x}$ ($x \in \mathbb{R}$; $x \neq 0$) ist eine weitere Funktion gegeben.
Erstelle ein Wertetabelle für folgende x-Werte: −5; −2; 0; $\frac{1}{2}$; 1; 2; 4; 6
Zeichne den Graphen dieser Funktion in dasselbe Koordinatensystem!
c) Gib die Koordinaten der Punkte S_1 und S_2 an, in denen sich die beiden Graphen schneiden!

6. Durch die Gleichung $y = h(x) = 2^x$ mit $x \in \mathbb{R}$ ist eine Funktion gegeben.
a) Übertrage nebenstehende Wertetabelle in dein Heft und vervollständige diese!

x	−2	−1		1	2	
$y = 2^x$			1			8

b) Skizziere den Graphen der Funktion $y = h(x)$ mindestens im Intervall $-2 \leq x \leq 3$!
c) Gehören die Punkte R(5; 30) bzw. T(−4; $\frac{1}{16}$) zur Funktion? Begründe!

7. Es sind zwei Funktionen f und g durch folgende Gleichungen gegeben:
- $y = f(x) = 3 \cdot \sin x$ mit $x \in \mathbb{R}$ und $-\pi \leq x \leq 2\pi$
- $y = g(x) = -\frac{1}{2}x + 1$ mit $x \in \mathbb{R}$ und $-4 \leq x \leq 7$

a) Zeichne die Graphen der beiden Funktionen in ein und dasselbe Koordinatensystem mindestens in den vorgegebenen Intervallen!

b) Die Graphen der Funktionen schneiden einander. Gib die Koordinaten der Schnittpunkte näherungsweise an!

c) Welchen Wertebereich hat die Funktion $y = f(x)$?

d) Ermittle für die Funktion $y = g(x)$ denjenigen x-Wert, für den der Funktionswert -1 ist!

8. Folgende Wertetabellen gehören zu Funktionen.

(1)

x	0	1	2	4	6	9
y	0	1	1,4142	2	2,449	3

(2)

x	−2	−1	0	1	2	4
y	−8	−1	0	1	8	64

(3)

x	−2	−1	0	1	2	4
y	−32	−1	0	1	32	1024

(4)

x	−4	−1	0	1	2	3
y	8	0,5	0	0,5	2	4,5

a) Schließe die Funktionen aus, die keine Potenzfunktionen der Form $y = x^n$ mit $n \in \mathbb{N}$ sein können! Begründe deine Entscheidung!

b) Gib zu den verbleibenden Wertetabellen Funktionsgleichungen an!

Gleichungen, Ungleichungen und Gleichungssysteme

1. Gib jeweils alle Lösungen der folgenden Gleichungen an!

a) $2(x + 3) = 0{,}5(2x + 4)$ b) $|x| + 2 = 3$ c) $x^2 + 6 = 31$ d) $\frac{x(x+2)}{4} = 12$

2. Löse die folgenden Gleichungssysteme rechnerisch! Führe auch eine Probe durch

a) I: $y = x + 4$
II: $y = -0{,}5x + 2{,}5$

b) I: $y = -\frac{1}{2}x - 1{,}5$
II: $3x = y - 5$

c) I: $2x + 2y = 6$
II: $2y - 2x = 2$

d) I: $y - 3x = 1$
II: $3x = y + 1$

3. Bringe die quadratischen Gleichungen in die allgemeine Form! Gib den Wert für a, b und c an!

a) $4x^2 + 2(3x - 4) = 0$ b) $2x(3x - 4) = 0$ c) $-5x(2x + 3) = 19$

4. Gib alle Lösungen der Gleichung $\sin x = \frac{1}{2}$ mit $x \in \mathbb{R}$ im Intervall $-\pi \leq x \leq \pi$ an!

5. Gegeben sind die Ungleichungen I: $9x - (5 - 2x) < 2(3x + 5)$ und II: $\frac{7 - x}{5} < 2$.

a) Löse beide Ungleichungen in $\mathbb{R}$!

b) Gib alle ganzen Zahlen an, die sowohl die Ungleichung I als auch die Ungleichung II erfüllen!

c) Veranschauliche die Lösungsmengen auf der Zahlengeraden!

6. Bestimme jeweils den Parameter p so, dass die vorgegebenen Zahlen für x Lösungen sind!

a) $3x + p = 5x - 8$, $x = 1$

b) $2x - 7 = -(3x - p)$, $x = 4$

*c) $14x + p < 3(5x - 1)$, $x < 4$

d) $(x - 5)(x + p) = 0$, $x_{1;2} = \pm 5$

7. Aus einem 110 cm langen Draht soll ein Rechteck so gebogen werden, dass sein Flächeninhalt 750 cm^2 beträgt. Wie lang sind die Seiten des Rechtecks!

8. Verkürzt man die Seite eines Quadrates um 11 cm, so verkleinert sich der Flächeninhalt um 1243 cm^2. Wie lang ist eine Seite des ursprünglichen Quadrates?

9. Wie groß ist der Radius eines kegelförmigen aufgeschütteten Sandhaufens, wenn sein Volumen 80 m^3 und seine Höhe 4,5 m beträgt?

10. Wegen umfangreicher Bauarbeiten kann ein Zug auf der 30 km langen Strecke von Ort A nach Ort B nur eine um 80 $\frac{km}{h}$ langsamere Geschwindigkeit fahren. Dadurch erhöht sich die Fahrzeit um 30 min.
Wie lange dauert jetzt mindestens eine Fahrt und wie groß ist die Geschwindigkeit höchstens?

11. Nach der Winterruhe soll der Springbrunnen in einem Erholungspark wieder gefüllt werden. Dazu können zwei Zuflüsse genutzt werden. Der eine Zufluss benötigt zum Füllen des Beckens sechs Stunden mehr als der andere. Beide zusammen füllen den Brunnen in zehn Stunden. Welche Zeit benötigt jeder der Zuflüsse allein?

Planimetrie und Trigonometrie

1. Berechne den Flächeninhalt und den Umfang der ersten Figur in der nebenstehenden Abbildung!

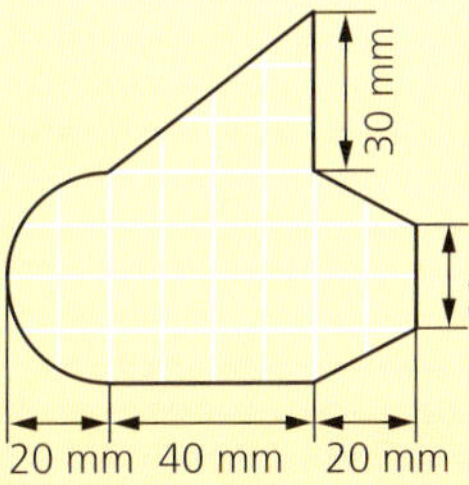

2. Ein Autohaus konnte zur Erweiterung der Parkmöglichkeiten eine Wiese, die an sein Grundstück grenzt, kaufen.
Bisheriges Grundstück: Viereck ABCD
Gekaufte Wiese: Dreieck BEC
$\overline{AB} = 45$ m; $\overline{BC} = 22$ m; $\overline{CD} = 30$ m; $\overline{CE} = 41$ m

a) Fertige eine maßstäbliche Zeichnung an!
b) Ermittle die Länge der Strecke $\overline{BE}$!
c) Um wie viel Quadratmeter vergrößert sich der Parkplatz? Gib den Zuwachs in Prozent an!

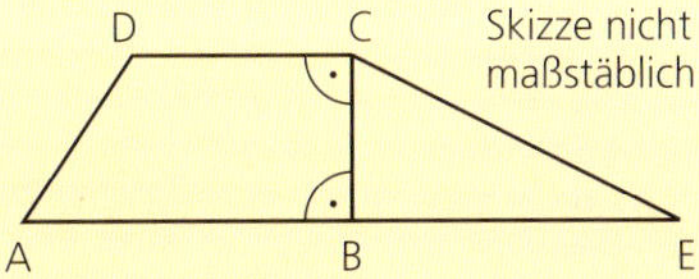

3. Bei einem Segelflugwettbewerb ist A Startpunkt. Der Flug soll über die Stationen B und C zurück nach A führen. Die Entfernung von A nach B ist mit 48 km, die von B nach C mit 65 km ausgewiesen. Die beiden Strecken $\overline{AB}$ und $\overline{BC}$ schließen einen Winkel von 95° ein.

a) Zeichne das Dreieck ABC in einem geeigneten Maßstab! Gib den Maßstab an!
b) Miss die Länge der Strecke $\overline{AC}$ und die beiden Winkelgrößen, die $\overline{AC}$ mit $\overline{AB}$ und mit $\overline{BC}$ einschließen!
c) Berechne die Länge der Gesamtstrecke bei diesem Wettbewerb!
d) Wie viel Kilometer fliegt das Flugzeug, wenn der Winkel von 95 ° auf 90 ° verkleinert wird?

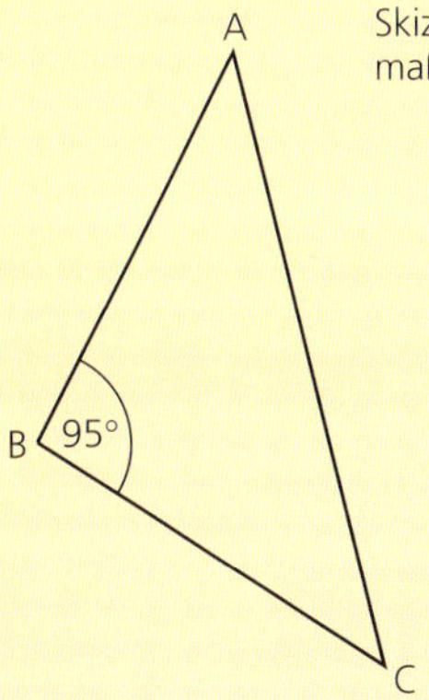

4. Von nebenstehendem Fünfeck ABCDE, das sich aus einem Dreieck und einem Rechteck zusammensetzt, sind die folgenden Größen gegeben:
$\overline{AB} = a = 84$ mm; $\overline{AE} = e = 64$ mm; $\overline{BC} = b = 90$ mm;
$\sphericalangle$ BAE $= \alpha = 64°$

a) Berechne die Länge der Strecke $\overline{BE}$!

b) Berechne den Umfang des Fünfecks!

c) Berechne den Flächeninhalt des Fünfecks!

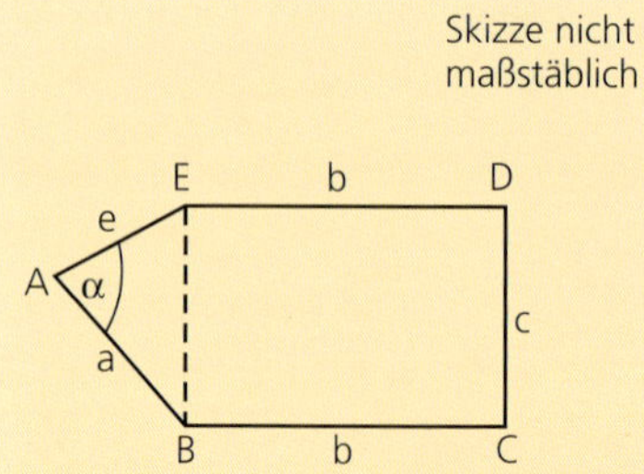

5. Das Dreieck ABC hat die folgenden Abmessungen:
$\overline{AB} = c = 4{,}8$ cm; $\overline{AC} = b = 7{,}0$ cm; $\overline{BC} = a = 90$ mm;
$\sphericalangle$ ABC $= \beta = 50°$

a) Berechne die Innenwinkel γ und α!

b) Wie groß ist der Winkel δ? Begründe!

c) Berechne den Flächeninhalt des Dreiecks ABC!

d) Wie groß ist der Flächeninhalts eines Dreiecks A'B'C', das zum Dreieck ABC ähnlich ist und eine Seitenlänge b' = 3,5 cm hat?

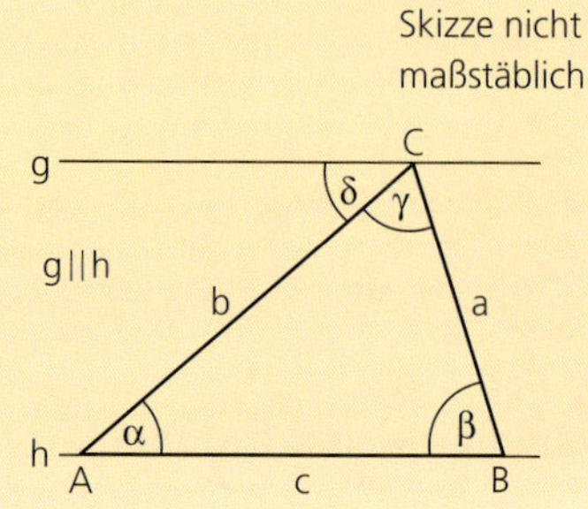

Körperdarstellung und Körperberechnung

1. Berechne das Volumen der drei abgebildeten Körper! (Maßangaben in Zentimeter)

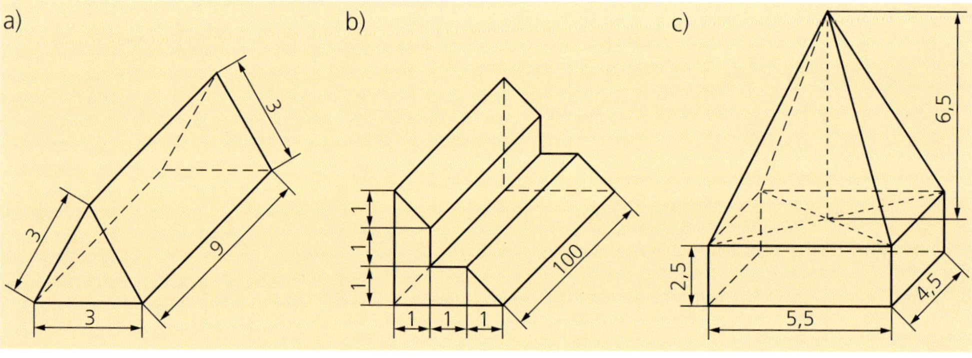

2. Zeichne folgende Körper im Grund- und Aufriss und ermittle jeweils ihr Volumen bzw. ihren Oberflächeninhalt! Entnimm die Maße aus den Zeichnungen! (Maßstab 1 : 2)

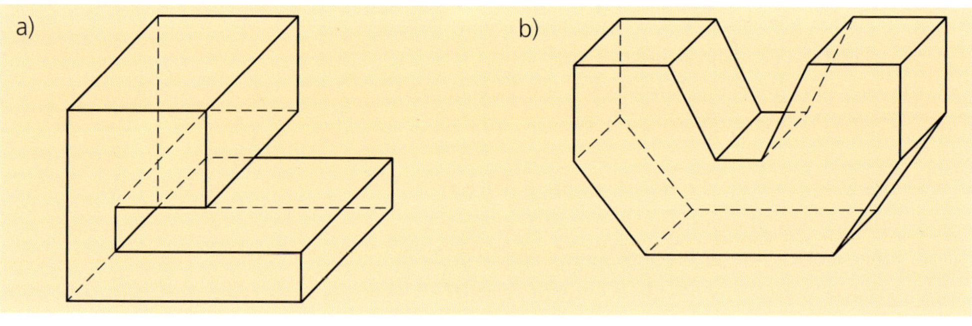

3. Das nebenstehend abgebildete Werkstück besteht aus Stahl (Dichte: $\rho = 7{,}5\ \frac{g}{cm^3}$).

a) Berechne das Volumen des Körpers!
b) Wie schwer ist der Körper?
c) Berechne den Oberflächeninhalt des Körpers!
d) Zeichne den Körper im Grund- und Aufriss!

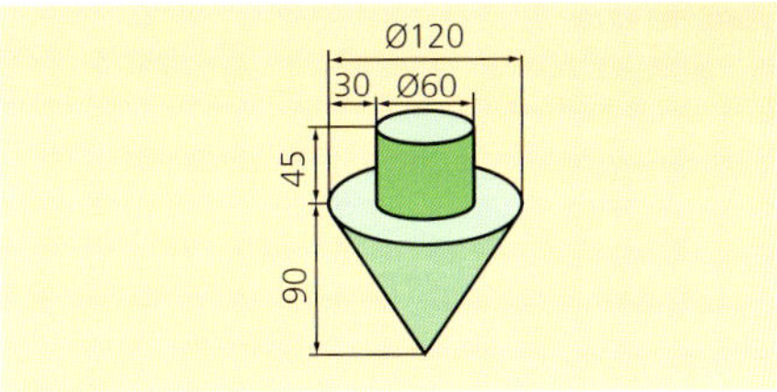

4. Zwei Würfel besitzen zusammen einen Oberflächeninhalt von 636 cm^2. Die Kante des einen Würfels ist um 4 cm kürzer als die des anderen Würfels.
Gib die Kantenlängen der beiden Würfel an!

5. Ein Rechteck, dessen eine Seite 15 cm länger als die andere ist, besitzt einen Umfang von 78 cm. Wie lang ist die Seite eines Quadrates, das den gleichen Flächeninhalt wie das Rechteck besitzt?

6. Eine Abraumhalde in einem Bergbaurevier hat angenähert die Form eines zusammengesetzten Körpers. Man kann sie sich aus einer „halben Pyramide" und einem „halben Kegel" zusammengesetzt denken.

Umfang des halben Kegels: $\overset{\frown}{AB} = 450$ m
geschätze Höhe: $\overline{MS} = 120$ m
Grundkante der Pyramide: $\overline{AC} = \overline{BC} = 300$ m

Wie lange hat das Aufschütten der Halde gedauert, wenn jährlich ca. 300000 m^3 Abraum gelagert wurden?

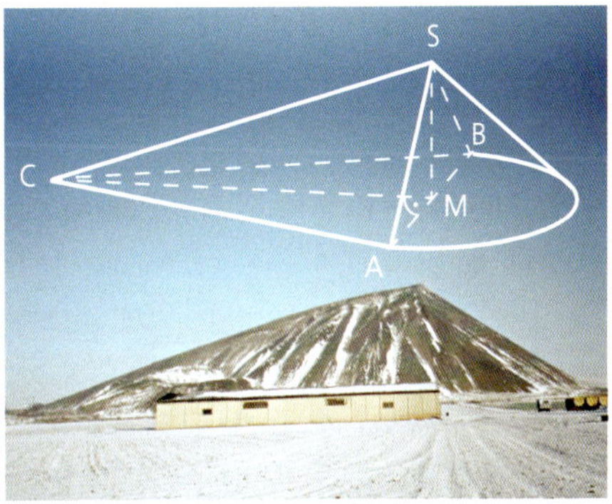

7. Durch ein quaderförmiges Werkstück aus Aluminium (20 cm × 100 cm × 40 cm) führen zwei zylinderförmige Bohrungen mit einem Durchmesser von 12 mm senkrecht hindurch.
Berechne das Volumen dieses Werkstücks!

8. Zwei Seen sollen durch einen geraden Kanal von 2 km Länge verbunden werden. Der Querschnitt des Kanals ist ein gleichschenkliges Trapez mit den Grundlinien a = 3 m und c = 5 m. Berechne, wie viel Kubikmeter Erde auszuheben sind, wenn die Kanaltiefe 4,5 m betragen soll!

9. Berechne den Oberflächeninhalt und die Masse der Körper (Maße in Millimeter)!
Die Länge der Körper beträgt 350 mm. Die Körper sind aus Eisen ($\rho = 7{,}2\ \frac{g}{cm^3}$).

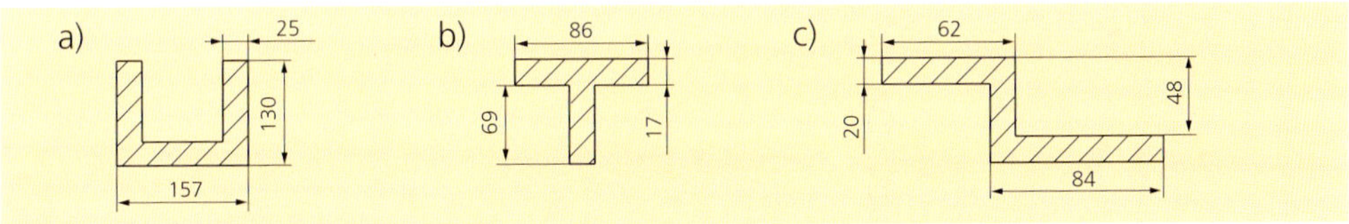

10. Ein zusammengesetzter Körper besteht aus einem Quader (Grundfläche: 5,5 cm x 8,4 cm; Höhe: 2,1 cm) und einer genau auf dessen Grundfläche aufgesetzten Pyramide mit der Höhe h = 16,0 cm.

a) Berechne den Oberflächeninhalt dieses Körpers!
b) Berechne die Masse dieses Körpers, wenn der Quader aus Blei ($\rho = 11{,}4\ \frac{g}{cm^3}$) und die Pyramide aus Aluminium ($\rho = 2{,}7\ \frac{g}{cm^3}$) bestehen!

Stochastik

1. In einem Behälter befinden sich zehn blaue (b) und zehn rote (r) Kugeln. Als Zufallsexperiment werden nacheinander drei Kugeln „auf gut Glück" gezogen und ihre Farbe wird aufgeschrieben. Ein Ergebnis könnte sein (b, r, r), ein anderes (r, b, r), d. h. die Reihenfolge der Farben wird berücksichtigt. Gib die Ergebnismenge an! Sie enthält acht Elemente.

2. Die Blutgruppen 0, A, B, AB treten in Mitteleuropa mit den angegebenen Wahrscheinlichkeiten auf. Wie viele der rund 82 Millionen Einwohner Deutschlands haben schätzungsweise die Blutgruppe 0, A, B bzw. AB?

Blutgruppe	0	A	B	AB
Wahrscheinlichkeit	0,38	0,42	0,13	0,07

3. Beim Lotto 6 aus 49 wird die erste Zahl gezogen. Gib die Wahrscheinlichkeit für die folgenden Ereignisse an!
a) Es wird eine gerade Zahl gezogen.
b) Es wird keine Primzahl gezogen.
c) Es wird eine Zahl gezogen, die durch drei und durch fünf teilbar ist.
d) Es wird eine Zahl gezogen, die durch 6 oder durch 10 teilbar ist.
e) Es wird eine Zahl gezogen, die das Doppelte einer Primzahl ist.
f) Es wird eine Zahl gezogen, die der Nachfolger einer Primzahl ist und durch drei teilbar ist.
g) Es wird eine Zahl gezogen, die das Vielfache einer Primzahl ist.

4. Eine Familie mit drei Kindern lost täglich, wer den Müll entsorgen muss. Dazu hat der Vater drei Karten (zwei schwarze und eine rote) vorbereitet. Wer die rote Karte zieht, ist an der Reihe. Die Kinder ziehen stets in der Reihenfolge ihres Alters. Berechne folgende Wahrscheinlichkeiten!
a) Mit welcher Wahrscheinlichkeit ist das erste, das zweite bzw. das dritte Kind an der Reihe? Ist das Verfahren gerecht?
b) Mit welcher Wahrscheinlichkeit kommt ein Kind zweimal hintereinander an die Reihe?
c) Mit welcher Wahrscheinlichkeit muss das gleiche Kind eine Woche lang den Müll entsorgen?

5. Familie Ahrens plant einen Ausflug ins Gebirge. Sie können über A-Stadt oder über B-Stadt ihr Ausflugsziel erreichen. Beide Wege sind etwa gleich weit. Nach ihren Erfahrungen und den Stauprognosen gibt es folgende Wahrscheinlichkeiten für einen Stau:

Weg 1:	vom Wohnort nach A-Stadt: 50 %	Weg 2:	vom Wohnort nach B-Stadt: 12,5 %
	von A-Stadt zum Ausflugsziel: 20 %		von B-Stadt zum Ausflugsziel: 80 %

a) Berechne die Wahrscheinlichkeit für keinen, einen oder zwei Staus auf Weg 1 bzw. 2!
b) Welche Empfehlung würdest du der Familie zum Fahrtweg ins Gebirge geben?

6. In einer Urne befinden sich zwei rote und vier weiße Kugeln, die sich nur in der Farbe unterscheiden. Es werden nacheinander zwei Kugeln gezogen, ohne dass die erste Kugel wieder in die Urne zurückgelegt wird.
a) Zeichne für diese Art der Ziehung ein Baumdiagramm! Trage alle Wahrscheinlichkeiten entlang der Pfade ein!
b) Bestimme die Wahrscheinlichkeiten für folgende Ereignisse!

A: Beide Kugeln sind weiß.
B: Die Kugeln sind verschiedenfarbig.
C: Mindestens eine Kugel ist rot.

7.3 Teste dich selbst

Die folgenden Aufgaben sollten unter Prüfungsbedingungen gelöst werden.

Pflichtaufgaben

1. a) Nenne die kleinste natürliche Zahl, die folgende Bedingungen erfüllt! Sie ist größer als 0 und gleichzeitig ein Vielfaches von 2; 5 und 6.

b) Welche der folgenden Netze sind Würfelnetze? Begründe!

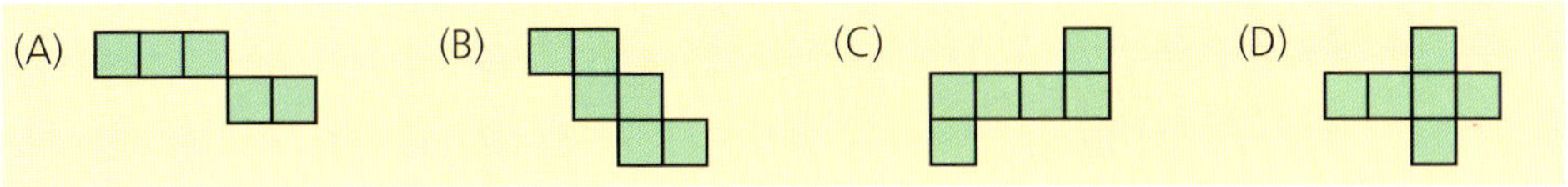

c) Schreibe 815 000 000 bzw. 0,0047 mit abgetrennten Zehnerpotenzen!

d) Wie viel Liter sind 8,4 dm^3?

e) Vereinfache $x^4y^{-1}z^3 \cdot x^{-2}y^3z^{-1}$ weitgehend!

f) Für welche reelle Zahl x ist der Term $\frac{1}{3x-6}$ nicht definiert?

g) Gib ein Zahlenpaar (a; b) an, das die Gleichung $2a - b = 8$ erfüllt!

h) Berechne die Größen der Winkel α und β!

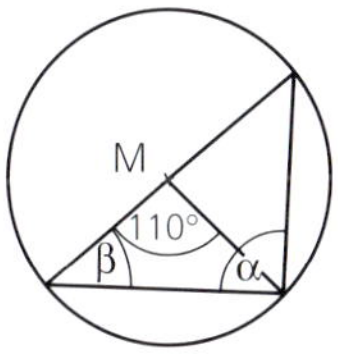

i) Stelle die Gleichung $s = \frac{a}{2}t^2$ nach t um!

j) Aus einer Klasse von 12 Mädchen und 15 Jungen wird eine Person zufällig ausgewählt. Mit welcher Wahrscheinlichkeit fällt die Wahl auf ein Mädchen?

2. Gegeben sind die Gleichungen I: $y + x = 7$ und II: $y = 3x + 3$.

a) Welche der folgenden Zahlenpaare sind Lösungen der Gleichung I, der Gleichung II bzw. beider Gleichungen gemeinsam? (– 1; 0), (1; 6), (2; 6), (6; 1)

b) Fasse die Gleichungen I und II als Gleichungen von Funktionen des Typs $y = f(x) = mx + n$ auf! Stelle beide Funktionen grafisch dar!

c) Lies die Koordinaten des Schnittpunktes der beiden Graphen ab! Vergleiche mit den Zahlenpaaren aus Aufgabe a)!

3. Für ihre geplante Abschlussfahrt erhält eine 10. Klasse ein günstiges Angebot mit einem Preis von 125,00 € pro Person. Auf der Liste stehen insgesamt 25 Teilnehmer. 50,00 € hat jeder Teilnehmer schon bezahlt. Dieser Betrag soll ein halbes Jahr als Festgeld mit 3,25%iger Verzinsung angelegt werden. Vom Förderverein der Schule erhält die Klasse unmittelbar vor Antritt der Fahrt einen Reisekostenzuschuss von 200,00 €.

a) Berechne die Zinsen für das angelegte Festgeld!

b) Wie viel Euro muss jeder Teilnehmer unter Berücksichtigung der Zinsen und des Reisekostenzuschusses noch einzahlen?

c) Wie viel Prozent des Reisepreises müssen die Teilnehmer nicht selbst aufbringen?

4. Eine Münze wird dreimal nacheinander geworfen. Es liegt Zahl (Z) oder Wappen (W) oben.

a) Gib alle möglichen Ergebnisse für diesen Zufallsversuch an!

b) Bestimme die Wahrscheinlichkeit für folgende Ergebnisse!

A: Es wird genau einmal „Wappen" geworfen.

B: Es wird mindestens zweimal „Zahl" geworfen.

C: Es wird nur „Zahl" geworfen.

Wahlaufgaben

Von den folgenden Aufgaben ist mindestens eine Aufgabe zu lösen.

5.1 Gegeben sind zwei Funktion f(x) und g(x) mit folgenden Gleichungen:
$y = f(x) = x^2 - 4x - 5$ mit $x \in \mathbb{R}$ und $y = g(x) = -x^2$ mit $x \in \mathbb{R}$

a) Zeichne die zugehörigen Graphen in ein und dasselbe Koordinatensystem mindestens im Intervall $-2 \leq x \leq 6$!

b) Die Graphen der Funktionen schneiden einander. Gib die Koordinaten der Schnittpunkte näherungsweise an!

c) Bestimme für die Funktion y = f(x) diejenigen x-Werte, für die der Funktionswert 16 ist!

5.2 Zum Verpacken eines Fernsehgerätes wird ein Karton mit 60 cm Höhe und einem Volumen von 264 *l* benötigt. Die Seitenlängen der Grundfläche unterscheiden sich um 25 cm.
Wie lang sind diese?

5.3 Ein Freizeit-Park hat die Form des Vierecks ABCD (siehe Skizze).

a) Durch den Park sollen zwei Hauptwege führen. Der eine Weg entsteht durch Verlängerung von $\overline{AD}$ bis zum Punkt F auf der Begrenzungslinie $\overline{BC}$. Der andere Weg verläuft von D nach E parallel zu $\overline{BC}$.
Berechne die Länge der beiden Wege!

b) Der Parkabschnitt EBFD soll als Garten umgestaltet werden.
Berechne die Fläche des Gartens!

c) Um den Garten EBFD wird eine Hecke gepflanzt. Wie viele Sträucher sind erforderlich, wenn für 10 m Bepflanzung mindestens 14 Sträucher vorgesehen sind?

d) Konstruiere das Viereck EBFD in einem geeigneten Maßstab! Gib den Maßstab an!

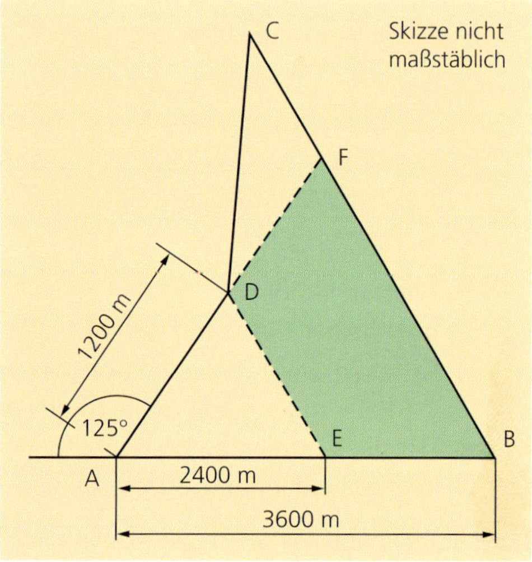

5.4 In einer Gemeinde stehen den Bürgern Wertstoffbehälter (siehe Skizze) zur Verfügung.

a) Berechne das Fassungsvermögen des Behälters bis zur angegebenen maximalen Füllhöhe! Gib das Ergebnis in Liter an!

b) Stelle diesen Behälter ohne Deckel im Zweitafelbild dar! Wähle einen geeigneten Maßstab! Gib den Maßstab an!

c) Bisher standen den Bürgern pro Stellplatz drei Behälter zur Verfügung, die jeweils nach 12 Tagen geleert wurden. Nach wie vielen Tagen muss geleert werden, wenn bei gleichem Wertstoffaufkommen nur noch zwei Behälter pro Stellplatz bereitgestellt werden?

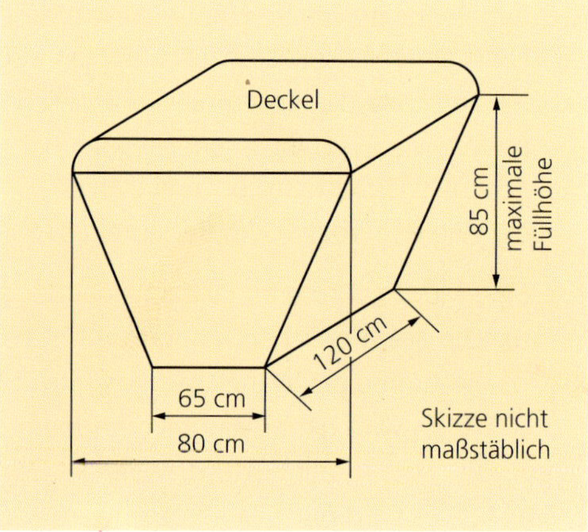